AF457948

RECHERCHES

SUR

L'ANATOMIE TOPOGRAPHIQUE

DU FŒTUS

APPLICATIONS A L'OBSTÉTRIQUE

RECHERCHES

SUR

L'ANATOMIE TOPOGRAPHIQUE

DU FŒTUS

APPLICATIONS A L'OBSTÉTRIQUE

AVEC TRENTE PLANCHES CONTENANT 79 FIGURES

PAR

ALBAN RIBEMONT

Docteur en Médecine de la Faculté de Paris,

Ex-Interne des Hôpitaux et de la Maternité,

Membre de la Société d'Anthropologie.

PARIS

OCTAVE DOIN, ÉDITEUR, 8, PLACE DE L'ODÉON

VENDOME

TYPOGRAPHIE LEMERCIER & FILS

1878

INTRODUCTION

Les descriptions qui sont l'objet des traités d'anatomie descriptive ou topographique s'appliquent surtout au corps de l'homme adulte. Si les auteurs, après l'étude de la plupart des organes, consacrent quelques lignes à l'histoire des phases de leur développement, pendant les périodes de la vie intra-utérine et dans les premiers temps de la vie extérieure, il n'est pas moins vrai qu'il n'existe, du moins à notre connaissance, aucun travail d'ensemble sur l'anatomie du fœtus à terme et du nouveau-né. Celle-ci peut être envisagée sous deux aspects différents : l'anatomie descriptive proprement dite et l'anatomie topographique, qui, plus que l'autre, est fertile en déductions pratiques importantes.

C'est à cette dernière que nous avons donné la préférence.

Pour étudier l'anatomie d'une région, on peut séparer par la dissection tous les organes qui s'y trouvent, depuis le tégument cutané jusqu'au squelette ou jusqu'à la limite d'une grande cavité naturelle, et étudier ainsi les rapports que ces organes affectent entre eux.

On peut aussi pratiquer sur un grand département du corps (tête, cou, tronc, membre), une coupe d'ensemble faite suivant une direction déterminée, choisie pour bien mettre en évidence les rapports exacts des parties.

On risquerait, toutefois, de n'avoir qu'une représentation infidèle de la nature, si l'on n'avait soin de fixer préalablement, par un moyen approprié, les organes qui constituent le corps humain dans leur position relative, de façon à éviter l'altération de leurs rapports, après leur section.

Cette précaution importante et qui avait permis à M. Serres (1) d'obtenir de si beaux résultats dans l'étude du cerveau, n'a point été oubliée par MM. Manec, Giraldès et Estevenet. Toutefois, on peut dire que Pirogoff (2) a créé une méthode nouvelle en employant la congélation comme le moyen par excellence de fixer en place les parties molles du corps.

Depuis lors, Jarjavay (3), Legendre (4) en France; Henle (5), Luschka (6), Braune (7) en Allemagne, se sont servis avec avantage de ce moyen. C'est celui auquel nous avons eu également recours.

La méthode employée par nous comprend trois opérations successives, que nous devons rapidement exposer :

1° La congélation du sujet; 2° l'exécution de la coupe; 3° la reproduction graphique de l'image fournie par celle-ci.

1° Un mélange réfrigérant, composé de deux parties de neige ou de glace finement pilée, et d'une partie de chlorure de sodium, est rapidement préparé. Une couche de ce mélange, épaisse de 7 à 8 centimètres, est établie dans une caisse de bois de forme et de dimensions appropriées, dont le fond est percé de nombreux petits trous pour permettre l'écoulement de l'eau de fusion de la glace.

(1) Serres. — Recherches sur le Cerveau. 1820

(2) Pirogoff. — Angewandte Anatomie des Menschlichen Korpers. 1838-1840. — Anatomia topografica sectionibus per corpus congelatum triplici directioni ductis illustrata.

(3) Jarjavay. — Recherches anatomiques sur l'urèthre.

(4) Legendre. — Anatomie chirurgicale homolographique. — Paris, 1858.

(5) Henle. — Handbuch der systematischen Anatomie des Menschen. — 1856.

(6) Luschka. — Die Brustorgane der Menschen in ihre Lage. — Tubingen, 1857.

(7) Wilh. Braune. — Die Lage des uterus and fœtus am Ender der Schwangerschaft. Leipzig, 1872.

Le fœtus est déposé sur ce lit de glace, et recouvert petit à petit d'une couche épaisse du mélange. Il importe, si l'on ne veut pas altérer la forme des grandes cavités splanchiques et en particulier de la cavité abdominale, de ne placer tout d'abord sur le fœtus qu'une couche de glace de quelques millimètres, trop légère pour déformer les parties, mais suffisante néanmoins pour congeler les téguments et les couches sous-cutanées les plus superficielles. Celles-ci sont dès lors suffisamment résistantes pour supporter sans s'affaisser la masse de mélange réfrigérant nécessaire pour déterminer la congélation des parties centrales du corps.

La boite, entourée de linges de laine, est abandonnée dans un lieu aéré pendant six ou sept heures.

Au bout de ce laps de temps, le petit cadavre est gelé jusqu'en ses parties les plus profondes.

2° Il est alors retiré de la caisse et placé sur une petite table rectangulaire de $0^{m},50$ de long sur $0^{m},35$ de large, qui porte une coulisse suivant sa plus grande dimension. En face de l'une des extrémités de cette coulisse, une planchette verticale est fixée solidement à la table. Dans la coulisse glisse une seconde planchette en tout semblable à la première. Sur l'une et l'autre on a pratiqué à l'aide d'une scie fine une fente étroite, verticale, allant jusqu'à la rencontre de la table ; ces deux fentes sont en regard l'une de l'autre. Le sujet congelé est couché sur la table et maintenu fixe, serré qu'il est entre les deux planchettes verticales, de façon que le plan passant par les deux fentes coïncide avec celui de la coupe qu'on se propose de pratiquer. Une scie à lame étroite est engagée alors dans ces fentes et mise en mouvement suivant la direction voulue. La section obtenue de la sorte est très-nette, sans bavures, mais recouverte d'une bouillie sanguinolente qui masque les parties sous-jacentes, et dont on se débarrasse avec un filet d'eau. Les parties se montrent alors avec une netteté extrême.

3° Il n'y a plus qu'à reproduire graphiquement leur image.

Une lame de verre mince, bien plane, a été préparée, ainsi qu'une feuille de papier végétal, dont on a verni l'une des faces, afin d'en augmenter la transparence.

La lame de verre est mouillée d'un côté, et sur ce côté on applique la face non vernie de la feuille de papier. Le liquide achève de rendre cette feuille aussi transparente que la lame de verre, sur laquelle, en outre, il la fixe assez pour éviter son déplacement pendant la dernière opération.

Sur la double lame ainsi préparé et appliquée sur la surface de la coupe, on peut aisément dessiner avec un crayon, le contour des parties, que l'œil suit aisément. On *décalque* ainsi, avec une exactitude absolue, toutes les lignes principales.

Le croquis obtenu de cette manière est rapidement reporté sur une feuille de papier ordinaire, sur laquelle on achève de tracer à main levée les plus petits détails.

Nous n'avons pas la prétention de donner ici un Traité d'anatomie topographique du fœtus. Nous avons simplement cherché à élucider, à l'aide de coupes 1° horizontales, 2° verticales antéro-postérieures, et 3° verticales-transversales, quelques points d'anatomie du fœtus à terme et du nouveau-né dont quelques-uns intéressent particulièrement l'accoucheur.

La première partie de notre thèse sera consacrée à l'exposition des données anatomiques relatives aux cavités buccale, thoracique, abdominale.

Dans la seconde, nous ferons l'application de ces données à la pratique obstétricale, et nous comparerons les indications qu'elles fournissent aux résultats de l'observation clinique.

Dans une troisième partie, nous rapporterons quelques expériences faites dans le but d'étudier les modifications que subissent le canal rachidien et la moelle, à la suite d'une torsion de cou portée à 180°, et celles qui se présentent dans les articulations des membres soumises à des tractions énergiques.

PREMIÈRE PARTIE

CHAPITRE I

CAVITÉ BUCCALE

Nous n'avons étudié cette cavité qu'au moyen de coupes médianes antéro-postérieures (Pl. XI). Sur un fœtus ou un nouveau-né congelé dans une situation telle que sa tête ait gardé une attitude intermédiaire à la flexion et à l'extension, la cavité buccale se réduit, lorsqu'on a eu soin de maintenir rapprochées les arcades alvéolaires supérieure et inférieure, à un espace pour ainsi dire virtuel à parois courbes concentriques. L'inférieure, constituée par la face dorsale de la langue, est, en effet, presque en contact avec la voûte palatine et le voile du palais.

La longueur de la voûte palatine mesure en moyenne de 25 à 30 millimètres, suivant les sujets; le voile du palais, y compris la luette, 20 à 25 millimètres. L'extrémité libre de cette languette flottante arrive jusqu'au niveau et presque au contact de l'épiglotte.

Les rapports que la cavité buccale ou sa paroi supérieure, qui seule est fixe et ne peut être modifiée par l'écartement des mâchoires, présente avec le canal laryngo-trachéal, sont dignes d'intérêt. Leur connaissance, en effet, nous a conduit, dès le début de nos recherches sur l'anatomie du fœtus, à une application essentiellement pratique.

Nous avons cherché à rendre plus facile l'usage du tube laryngien, en remplaçant la courbure que Chaussier lui avait donnée primitivement, et qui, depuis lui, avait toujours été fidèlement conservée, par une autre mieux en harmonie avec l'observation anatomique. Nous n'insistons pas davantage sur ce point, dont nous avons ailleurs fait ressortir toute l'importance pratique (1).

CHAPITRE II

CAVITÉ THORACIQUE

Lorsqu'on examine le thorax d'un enfant au moment même de la naissance, on est frappé des différences qui existent entre la forme qu'il a alors que l'acte respiratoire ne s'est pas encore accompli, et celle qu'il va prendre sitôt que l'air pénétrera dans les alvéoles pulmonaires.

Dans le premier cas, les parois thoraciques latérales semblent aplaties, comme déprimées; il en est de même de la paroi antérieure. Dans le second, la forme générale du thorax se rapproche plutôt de celle d'un cylindre. Ces changements de forme ne sont, en somme, que l'expression extérieure de ceux que subit, par suite de la dilatation des poumons, la cage thoracique elle-même.

Celle-ci, chez l'enfant qui n'a pas respiré, forme une sorte de pyramide tronquée à base inclinée obliquement, et dont les faces planes, ou peu convexes, seraient réunies par des angles arrondis. Il suffit de jeter les yeux sur la Pl. I, fig. 1, fig. 2, et fig. 3, pour vérifier la réalité de ce qui précède.

Chez l'enfant qui a respiré, la convexité des parois thoraciques augmente dans tous les sens (Pl. III, fig. 1, 2; Pl. IV, fig. 1 à 5; Pl. X, fig. 1, 3; Pl. XVIII). La paroi inférieure, formée par la face supérieure du diaphragme, doit être étudiée sur les coupes verticales. On voit alors que cette paroi, régulièrement concave chez les enfants dont les poumons sont encore atélectasiés, s'abaisse, et devient plus ou moins plane. (Pl. X, fig. 1, fig. 3; Pl. XVIII et XIX.)

(1) Recherches sur l'Insufflation des nouveau-nés, et Description d'un nouveau tube laryngien. — Le Progrès médical, avril 1878.

Un examen aussi superficiel ne peut suffire si l'on veut saisir toutes les particularités intéressantes que présente la cavité même du thorax. Ce n'est qu'au moyen de mensurations exactes que l'on peut s'en rendre compte. Nous les avons résumées dans les trois tableaux qui suivent.

Le premier se rapporte aux figures fournies par des coupes horizontales ; le second, à celles que donnent les coupes verticales antéro-postérieures ; le troisième, à celles que nous offrent les coupes verticales-transversales. Pour les premières, nous avons noté successivement la dimension du diamètre antéro-postérieure médian, qui est le plus petit : *Diam. AP minimum ;* — celle de deux diamètres antéro-postérieures situés de chaque côté du précédent, et allant du point le plus reculé de la gouttière vertébrale au point correspondant de la paroi antérieure ; ces deux diamètres sont plus grands : *Diam. AP maximum ;* — enfin, le diamètre transversal qui passe par les deux points le plus éloignés de la face interne des parois latérales : *Diam. T maximum.*

TABLEAU I. — COUPES HORIZONTALES.

Planches	Figures	Diam. AP minimum	Diam. AP max. droit	Diam. AP max. gauche	Diam T maximum	OBSERVATIONS
I	1	25 *	35	34	49	Enfant mort-né.
	2	29	43	39 5	65	
	3	35	51	47	72	
II	2	24	30	27	43	Enfant insufflé ; n'a pas respiré.
	3	35	44	41	56	
	4	46	55	55	72	
III	1	37	45	44	59	Enfant qui a vécu quelques jours.
	2	44 5	54	52	72	
IV	2	25	34	36	61 5	Enfant mort-né. Les poumons distendus par de l'air qu'on y poussait, on a lié la trachée de façon à empêcher les poumons de revenir sur eux-mêmes.
	3	33	45	42	65	
	4	38	50	49	69	
	5	41 5	56	50	77	

Les mesures que nous avons prises sur les coupes verticales antéro-postérieures l'ont été à la fois sur les coupes médianes et latérales en quatre points situés à des hauteurs déterminées. Le diamètre le plus élevé va de la 4e côte (ou de la 4e vertèbre dorsale), au 2e cartilage costal ; le plus inférieur, de la 9e côte (ou de la 9e vertèbre dorsale), à l'union du 5e avec le 6e cartilage. Les deux autres sont intermédiaires aux précédents.

TABLEAU II. — COUPES VERTICALES ANTÉRO-POSTÉRIEURES.

Planches	Figures	4e côte	6e côte	7e à 8e	9e côte		OBSERVATIONS
VII		32	42	47	50	AP min.	Enfant mort-né.
VI	2	40	52	61	66	AP max. D	
	1	39	51 5	60	65	AP max. G	
IX	1	37	43	45	43	AP min.	L'enfant a vécu quelques heures.
	3	32	40	46		AP max. D	
VIII	1	33	40	44		AP max. G	
III	2	40	46	45	45	AP min.	Enfant insufflé. Trachée liée.
	3	42	50	52	53	AP max. D	
	1	37	47 5	53	55	AP max. G	

Nous avons pris pour les coupes verticales-transversales les distances qui séparent l'une de l'autre les surfaces de section des deux côtes correspondantes.

TABLEAU III. — COUPES VERTICALES-TRANSVERSALES.

Planch.	Fig.	2e côte	3e côte	4e côte	5e côte	6e côte	7e côte	8e côte	9e côte	10e côte	OBSERVATIONS
XII	1	41	58	69	77						Enfant mort-né.
XIII	1	38	52	64							Enfant mort-né.
	2	40	54	64	70						
XIV	1			40	54	82	72	77	83		
	2			53	61	65	70	74	76	79	
XV		58	69	77	84						Enfant insufflé.
XVI		58	70	80	89	95	100				
XVII		54	60	67	73	80	88				
XVIII		48	67	78	84	88					Enfant ayant vécu 2 jours.
XIX		57	69	77	83	93	102				

* L'unité de mesure adoptée est le millimètre.

L'exécution de ces mensurations nous a montré que le diamètre transversal de la poitrine est au niveau de la 4ᵉ vertèbre dorsale, tangent à la face antérieure de son corps, et qu'il s'en éloigne ensuite d'autant plus qu'on le mesure au niveau d'une vertèbre plus inférieure. A la hauteur des 6ᵉ et 7ᵉ vertèbres dorsales, il passe à 6 ou 7 millimètres en avant d'elles ; il est distant de 9 millimètres du corps de la 9ᵉ.

Il ressort, en outre, des chiffres qui précèdent, que:

1° Le diamètre antéro-postérieur maximum droit, égal ou peu supérieur au diamètre gauche, au niveau de la 4ᵉ vertèbre dorsale, c'est-à-dire au tiers supérieur de la cage thoracique, le dépasse en général, au niveau des vertèbres suivantes, d'une quantité assez notable, égale en moyenne à 5 millimètres. En d'autres termes, la moitié droite de la cage thoracique est d'avant en arrière plus grande que la moitié gauche. La gouttière vertébrale du côté droit est, dans les mêmes points, plus profonde que celle du côté gauche.

Il ne nous a pas été possible de constater une prédominance semblable en ce qui regarde les dimensions transversales des deux moitiés de la cage thoracique.

2° L'influence de la respiration se fait sentir principalement sur les diamètres antéro-postérieurs de la poitrine. Les diamètres transverses subissent une augmentation moindre.

Il nous resterait à étudier les dimensions verticales de la cage thoracique et à apprécier semblablement les changements qu'elles éprouvent par l'effet des mêmes causes; mais ce que nous avons à en dire trouvera plus naturellement sa place dans le paragraphe suivant, consacré à l'étude des organes contenus dans le thorax.

Organes thoraciques

I. *Thymus.* — On est tellement frappé, lorqu'on examine les Pl. I, fig. 1. fig. 2; I, fig. 1 ; XII; XIII, fig. 1, fig. 2, etc., du volume si considérable du thymus, qu'on ne peut se refuser à admettre que cet organe exerce pendant la vie intra-utérine une fonction importante. Sa forme est peu régulière ; ses dimensions sont très-variables; le lobe gauche, cependant, paraît être, à la partie supérieure, plus développé d'avant en arrière que le lobe droit (Pl. I, fig. 1), Par contre, celui-ci descend plus bas le long du péricarde, de sorte que les sections horizontales rencontrent encore du tissu de la glande à droite de la ligne médiane, alors qu'il ne s'en trouve plus à gauche.

Le thymus, destiné comme l'on sait à disparaître, subit-il, dès les premiers jours qui suivent la naissance, une diminution notable de volume? Il nous est impossible de le dire. Nous ferons remarquer seulement qu'il était réduit à des proportions exiguës (Pl. III, fig. 1) chez un enfant âgé de quelques jours seulement.

Le thymus est d'ordinaire assez volumineux pour recouvrir complétement les oreillettes et descendre même plus ou moins bas sur la face antérieure des ventricules, dont il est séparé par le péricarde. En rapport en avant avec le sternum, les 3 premiers cartilages costaux et l'extrémité des côtes correspondantes, il répond en arrière à la veine cave supérieure, à la bifurcation des bronches, aux poumons, et plus bas au péricarde. Sur la ligne médiane, il s'étend jusqu'au niveau de la 3ᵉ ou de la 4ᵉ pièce du sternum ; parfois même il descend jusque sur la face supérieure du diaphragme, Pl. XII ; supérieurement, il dépasse un peu la fourchette sternale.

II. *Poumons.*— 1° Les poumons, à l'état d'atélectasie, ont, comme on le sait, un volume relativement faible. Il nous semble cependant qu'ils sont moins aplatis, moins accolés à la colonne et aux gouttières vertébrales qu'on ne le dit généralement. Dans l'état fœtal, les organes pulmonaires, loin de rester confinés à la partie postérieure de la cage thoracique, s'avancent au contraire assez loin, le poumon droit surtout, qui arrive jusqu'à 15 ou 16 millim. du sternum, et ils présentent une certaine épaisseur dans la majeure partie de leur trajet (Pl, I; VI; fig.1, fig. 2). Cette épaisseur n'est pas la même pour l'un et l'autre organe; la présence du thymus, celle du cœur, fait que le poumon gauche le cède sous le rapport du volume au poumon droit (Pl. I, fig. 1, fig. 2).

Il en résulte encore que le bord antérieur de ce dernier s'avance beaucoup plus loin que celui du poumon opposé, qui reste à 30 ou 35 millimètres de la face postérieure du sternum, de sorte que, sur les coupes verticales et transversales qui passent par la ligne mammaire ou un peu en arrière d'elle, la section du seul poumon droit est visible (Pl. XII; Pl. XIII, fig. 1 et 2).

Les coupes verticales nous permettent d'apprécier les dimensions verticales des organes pulmonaires à l'état fœtal, ainsi que la forme de la paroi inférieure du thorax en rapport avec eux.

Il serait peu utile d'exprimer en chiffres bruts les différentes dimensions des poumons, qui sont, ainsi que le volume général de l'enfant à terme, très-variables. Il est plus intéressant de savoir quels sont les rapports des poumons avec les parois thoraciques, les côtes étant prises comme points de repère.

Le poumon droit se met en rapport, par son bord antérieur, avec les 1er, 2e, 3e, 4e cartilages costaux, tandis que le poumon gauche, demeurant plus en arrière, arrive seulement jusqu'au niveau des 1re, 2e et 3e côtes. Le bord postérieur de l'un et l'autre s'étend de la 1re à la 9e côte. Mais, sur les côtés, le poumon droit descend un peu moins bas que le gauche, grâce à la présence du foie, dont le lobe droit refoule le côté droit du diaphragme et par suite la face inférieure du poumon correspondant.

La présence du foie détermine dans la hauteur des deux poumons, mesurés du sommet vers la partie moyenne de la face inférieure, une différence notable. Elle était de 8 millimètres chez l'enfant dont les coupes sont représentées dans la Pl. VI, fig. 1 et 2.

2° Lorsque la respiration s'établit, les poumons se dilatent et agrandissent tous leurs diamètres. Leurs bords antérieurs se rapprochent de la face postérieure du sternum, et peuvent même, à la partie supérieure de la poitrine, par suite de la réduction considérable du thymus à ce niveau, affleurer l'un et l'autre les bords de cet os (Pl. III, fig. 1); mais, pour peu que le thymus soit moins atrophié ou que l'on examine les changements survenus dans les deux tiers inférieurs de la cavité thoracique, on voit que la différence signalée plus haut entre les deux poumons relativement aux rapports respectifs de leurs bords antérieurs (Pl. II, fig. 3) existe encore. Ces bords sont cependant moins éloignés l'un de l'autre (Pl. II, fig. 3 et 4; Pl. IV, fig. 2, 3 et 4).

Les poumons qui ont respiré descendent manifestement plus bas que ceux qui sont à l'état fœtal. Leur bord postérieur arrive jusqu'à la 10e et la 11e côte, et se met en rapport avec les parties latérales du corps des 11e et 12e vertèbres dorsales. De concave qu'elle était, la face inférieure des poumons tend, au moins dans ses deux tiers postérieurs, à devenir plane, par suite de l'abaissement du diaphragme. Mais il existe toujours une différence appréciable dans les dimensions verticales des organes pulmonaires. La hauteur du poumon droit demeure, en effet, inférieure à celle du poumon gauche. La différence atteint 9 millimètres sur les fig. 1 et 3 de la Pl. X.

La convexité de leur face externe est accrue dans tous les sens (Pl. III, X, XVI, XVIII). Tandis que les faces externes des poumons deviennent plus convexes et se portent en dehors, leurs faces internes se portent en dedans et se rapprochent; le tissu pulmonaire prenant la place occupée primitivement par le thymus, il en résulte que le poumon gauche repousse un peu le cœur vers la ligne médiane.

Ainsi, de deux coupes verticales antéro-postérieures, pratiquées en suivant les mêmes points de repère, l'une sur un enfant mort-né, l'autre sur un enfant dont les poumons sont remplis d'air, la première met à découvert le thymus, le cœur et les poumons; la seconde, passant en dehors des deux premiers organes, n'intéresse que le dernier (Pl VI, fig. 1, et Pl. X, fig. 1).

Cœur. — La situation, les rapports du cœur, principalement chez l'enfant nouveau-né qui n'a pas encore respiré, doivent nous occuper d'une manière spéciale, car ils intéressent tout particulièrement l'accoucheur. Nous envisagerons d'abord les rapports qu'il possède avec les organes et les parois de la cavité thoracique, puis nous compléterons cette étude par celle du cœur, considéré dans ses rapports avec les extrémités de l'ovoïde fœtal.

C'est, en effet, en nous appuyant sur la connaissance exacte des rapports de l'organe central de la circulation, que nous pourrons discuter les opinions généralement reçues touchant l'auscultation des doubles battements à la fin de la grossesse ou pendant l'accouchement, et la valeur réelle de ce mode d'exploration au point de vue du diagnostic des présentations et des positions.

Le cœur est loin d'occuper dans la poitrine du fœtus une situation centrale. Si l'on divise la fig. 2, Pl. I, qui représente une coupe horizontale du thorax, passant par le cœur d'un enfant mort-né, en quatre segments par deux lignes, l'une antéro-postérieure, l'autre transversale, se coupant perpendiculairement en leur milieu, on voit que le cœur est presque entièrement compris dans le segment antérieur gauche, qu'il remplit à peu près à lui seul.

Très-rapproché du plan sternal et du plan latéral gauche, il est, au contraire, assez distant du plan latéral droit et du plan dorsal.

En avant, sur la ligne médiane, il répond au sternum, dont il est séparé par le thymus au niveau des deux premières pièces de cet os, et par le péricarde seulement, au niveau des 3e et 4e pièces sternales.

A gauche de la ligne médiane, ses rapports avec le premier cartilage costal ont lieu également par l'intermédiaire du thymus. Ils sont immédiats, au contraire, avec les 2e, 3e, 4e cartilages (Pl. I, fig. 2; Pl. VII), avec l'extrémité antérieure des 3e, 4e, 5e côtes et les espaces intercostaux correspondants. Le cœur est donc directement en contact avec la paroi thoracique antéro-latérale gauche sur une surface assez étendue, que l'on peut évaluer en moyenne à un carré ayant 28 ou 30 millimètres de côté.

Le bord antérieur du poumon gauche vient ensuite s'interposer entre lui et cette paroi, et l'épaisseur du tissu pulmonaire qui le sépare des 6e, 7e, 8e côtes et espaces intercostaux, va en augmentant jusqu'au niveau de la gouttière vertébrale. La face postérieure du cœur est toujours à 6 ou 8 millimètres en avant de la colonne vertébrale dont le séparent l'œsophage et l'aorte.

Les rapports du cœur avec les organes contenus dans le médiastin postérieur, n'offrent rien de particulier. Dans le péricarde, la veine cave inférieure parcourt en arrière du cœur un trajet assez long, que montrent bien les planches VII et X, fig. 2, avant d'aller se jeter dans l'oreillette droite.

Les rapports du cœur avec la moitié droite de la paroi thoracique sont beaucoup plus médiats que ceux qu'il affecte avec l'autre moitié. Le poumon droit, dont l'épaisseur et le volume sont plus considérables que ceux du poumon gauche, occupe, en effet, avec le thymus la presque totalité de la moitié droite du thorax; il est interposé entre le cœur et les parois de la poitrine.

2° Lorsque l'enfant a respiré, le poumon gauche refoule un peu le cœur à droite. Cet organe se trouve, par le fait de ce déplacement, occuper dans la cavité thoracique une position un peu plus centrale. Mais, alors même, le cœur est toujours presque entièrement compris dans la moitié antérieure de la poitrine, et dans cette moitié, les deux tiers au moins du muscle cardiaque sont situés à gauche de la ligne médiane.

Il est facile de constater sur nos figures l'existence de ce déplacement, et d'en évaluer du même coup l'étendue. Il suffit pour cela de déterminer sur chacune des coupes horizontales le centre de la figure donnée par la section du cœur, et d'examiner la situation de ce point par rapport à la ligne médiane.

En opérant de la sorte, on trouve que chez l'enfant qui n'a pas respiré le point central est situé à 12 ou 13 millimètres à gauche de cette ligne, tandis que chez celui dont les poumons ont fonctionné complétement, il n'en est plus distant que de 5 millimètres en moyenne. Il est d'ailleurs un autre moyen d'apprécier ce déplacement: la distance de la pointe du cœur au sternum diminue dans la même proportion.

Chez le fœtus le sommet des ventricules répond au 5e espace intercostal (Pl. I, fig. 3; Pl. XII), ou à la 5e côte (Pl. XIII, fig. 2); il se trouve donc à 20 millimètres environ au-dessous du niveau du mamelon qui est situé au devant de l'union du 3e cartilage costal avec la côte correspondante. La distance qui sépare la pointe du cœur de la ligne médiane est égale à 40 millimètres, Pl. I, fig. 3 ; 37 millim., Pl. XII ; 35 millim., Pl. XIII, fig. 2; en moyenne 34 millim.

Chez le nouveau-né qui a vécu, la pointe du cœur, tout en restant en rapport avec le même espace intercostal, se porte en dedans et ne se trouve plus qu'à 27 millim., Pl. II, fig. 4 ; 25 millim., Pl. XV ; 29 millim., Pl. XVI ; en moyenne 27 millim., de la ligne médiane. Elle s'en est donc rapprochée de 7 millim. Il en est de même du centre de l'organe.

Revenons sur un point qu'il importe de bien faire ressortir. Nous avons montré plus haut la situation occupée par le cœur dans le thorax d'un fœtus. Pour mieux fixer les idées, exprimons par quelques chiffres la distance minimum qui sépare le centre du cœur des plans antérieur, postérieur, latéraux, ainsi que celle qui existe entre ce centre et les extrémités des deux lignes perpendiculaires qui divisent la poitrine en quatre segments sensiblement égaux.

Sur la Pl. I, fig. 2, nous trouvons :

Distance minimum du centre du cœur aux	Plan antérieur	22 mm
	Plan postérieur	42 mm 5
	Plan latéral gauche	35 mm
	Plan latéral droit	62 mm
Distance du cœur aux extrémités	Antérieure de la ligne médiane antéro-postérieure	25 mm
	Postérieure . . . . id. . . .	47 mm
	Gauche de la ligne transversale . .	37 mm
	Droite . . . . id.	67 mm

Le point du contour du cœur le plus rapproché de la paroi antérieure de la poitrine est, sur la même figure, à 8 millimètres seulement du tégument cutané. La distance minimum de la paroi postérieure du cœur à la paroi postérieure de la poitrine est, au contraire, égale à 26 millimètres.

Une circonférence de 22 millimètres de rayon, et dont le centre se confond avec celui du cœur, passe à 2 millimètres en arrière de la face antérieure de la vertèbre, dont elle ne fait qu'échancrer le corps, tandis qu'elle est, en avant, tangente à la paroi thoracique. Sur la coupe représentée Pl. VII, le centre du cœur est à 26 millimètres en arrière du plan antérieur et à 65 millim. du plan postérieur. Il est à 29 millim. de la paroi latérale gauche et à 61 millim. de la paroi latérale droite sur la planche XII.

A quelles vertèbres répond le cœur ? En consultant les coupes représentées Pl. I, fig. 2, fig. 3; Pl. VII; Pl. XI; Pl. XIV, fig. 2, on voit que la face postérieure du cœur est en rapport avec les 4e, 5e, 6e, 7e, 8e vertèbres dorsales Un plan horizontal, passant par sa partie la plus élevée, rencontre ordinairement le milieu du corps de la 4e vertèbre ; un autre, passant par sa pointe, répond au disque intervertébral commun à la 8e et à la 9e vertèbre, plus souvent au corps même de celle-ci.

Nous avons résumé, Pl. XIV, fig. 2, d'une façon exacte bien que schématique, la forme et les rapports du cœur avec la colonne vertébrale. Chez l'enfant dont les coupes représentées dans les Pl. XIII, fig. 1 et 2, et XIV, fig. 1, nous ont fourni les éléments de ce schéma, la pointe du cœur descendait jusqu'au niveau de la 10e vertèbre dorsale.

Il ne suffit pas de savoir à quelles vertèbres correspond le cœur. Nous devons chercher encore à quelle distance cet organe se trouve 1° des extrémités supérieure et inférieure de la colonne vertébrale, 2° des extrémités céphalique et pelvienne de l'ovoïde fœtal.

1° Le centre du cœur se trouve, sur les Pl. VII et XI, au niveau du corps de la 6e vertèbre dorsale.

Sur la première de ces planches, il est à 8 cent. 7 du sommet de l'apophyse odontoïde, et à 11 cent. 7 de l'angle sacro-vertébral.

Sur la seconde, les mêmes distances sont exprimées par les chiffres 8 cent. et 10 cent. 4.

Si nous opérons maintenant sur les coupes représentées dans les Pl. XXII et XXIII, et relatives à des enfants dont la tête était placée en extension, nous trouvons 8 cent. 3 et 8 cent. 4 pour la Pl. XXII ; 8 cent. 5 et 9 cent. pour la Pl. XXIII.

Le centre du cœur est donc plus rapproché de l'extrémité supérieure que de l'extrémité inférieure de la colonne vertébrale. Toutefois, la différence n'excède pas 3 cent., et peut même se réduire à quelques millimètres. Cette différence persiste-t-elle lorsqu'on ne considère plus seulement la colonne vertébrale, mais le corps lui-même (abstraction faite des membres) ?

2° Les planches VII, XI, XII, nous serviront à déterminer à quelle distance le centre du cœur se trouve des extrémités céphalique et pelvienne du fœtus.

Distance du centre du cœur	A l'extrémité céphalique : 18 c. 5 (Pl. VII) ; 17 c. 6 (Pl. XI) ; 16 c. 4 (Pl. XII). A l'extrémité pelvienne : 18 c. 1 (Pl. VII) ; 16 c. 6 (Pl. XI) ; 15 c. 8 (Pl. XII).

Il ressort de ces mensurations que le cœur est, au contraire, un peu plus rapproché de l'extrémité pelvienne. Ces résultats sont d'autant plus importants à constater qu'ils étaient inattendus. Mais les enfants dont les coupes sont représentées dans les planches précédentes avaient une attitude telle, que leur tête était placée dans une position intermédiaire à la flexion et à l'extension.

Lorsque l'enfant est pelotonné, et qu'il se présente par le sommet fléchi ou défléchi, ou bien par le siége, les mêmes rapports existent entre le cœur et les extrémités de l'ovoïde.

Pour le démontrer, nous avons pratiqué des coupes verticales antéro-postérieures soit sur la ligne médiane, soit à 2 cent. à gauche de cette ligne (Pl. XXI, XXII, XXIII, XXIV), et, avec des mensurations analogues aux précédentes, nous avons obtenu les chiffres suivants :

Distance du centre du cœur	A l'extrémité céphalique : 16 c. (Pl. XXI) ; 17 c. 7 (Pl. XXII) ; 15 c. 7 (Pl. XXIII) ; 15 c. 2 (Pl. XXIV). A l'extrémité pelvienne ; 16 c. 7 (Pl XXI) ; 17 c. 4 (Pl. XXII) ; 15 c. 1 (Pl. XXIII) ; 14 c. 8 (Pl. XXIV).

Dans les trois dernières planches, *le centre du cœur est plus rapproché de l'extrémité* PELVIENNE *que de l'extrémité* CÉPHALIQUE. Il n'y a d'exception que pour la première. Le centre du cœur y est, en effet, plus rapproché de l'extrémité céphalique. La différence est légère, puisque elle est de 7 millimètres. De plus, nous ferons observer que la coupe qu'elle représente est latérale, et que, par suite, elle intéresse la tête en un point moins élevé, et le siége en un point plus saillant qu'elle ne l'eût fait si elle avait été pratiquée sur la ligne médiane.

Ces faits, d'une étude un peu minutieuse peut-être, devaient être mis en lumière avec un soin d'autant plus attentif, que leur démonstration était à faire, et que leur connaissance nous était indispensable pour donner à nos critiques plus de valeur, et à nos observations cliniques plus d'intérêt.

Diaphragme. — Nous avons noté déjà en partie ce qui a trait à cette cloison musculaire, en parlant des formes différentes que peuvent prendre les poumons. Nous avons peu de chose à ajouter pour compléter son étude.

Le diaphragme possède une partie centrale qui répond au cœur, et deux parties latérales, qui sont en rapport avec les poumons. La forme de la première, sa direction se ressentent à peine des changements que l'acte respiratoire détermine dans les organes thoraciques.

Avant comme après la naissance, cette portion demeure plane, ou présente d'avant en arrière une faible convexité supérieure. Les coupes antéro-postérieures représentées Pl. VI, fig. 1 ; Pl. VII ; Pl. VIII, fig. 2 ; Pl. IX fig. 1 et 2 ; Pl. X, fig. 2, le font également voir. Elle est surtout plane transversalement. Sur elle, comme sur un plan incliné, de haut en bas et de droite à gauche, chez le fœtus, horizontal ou peu s'en faut après la naissance, repose l'organe central de la circulation. (Pl. XII ; Pl. XIII, fig. 1 et 2 ; Pl. XV ; Pl. XVI ; Pl. XVIII et Pl. XIX.)

Les portions du diaphragme qui répondent au poumon, ont, chez l'enfant qui n'a pas respiré, la forme d'une voûte dirigée d'avant en arrière à convexité supérieure (Pl. VI, fig. 1 et 2). Transversalement et dans leur moitié antérieure, elles sont, comme la portion péricardique du diaphragme, planes dans une certaine étendue ; puis, arrivées près des parois latérales du thorax, elles se recourbent assez brusquement et deviennent parallèles à ces parois, sur lesquelles elles vont s'insérer (Pl. XII ; Pl. XIII, fig. 1 et 2).

Nous avons remarqué plus haut que la portion qui répond au poumon droit est plus élevée que celle qui répond à celui du côté opposé. Nous ne revenons pas sur ce point. Avec l'établissement de la respiration ces mêmes portions changent d'aspect.

En s'abaissant, elles deviennent planes dans le sens antéro-postérieur, mais seulement au niveau de leur tiers ou de leur moitié postérieurs; leur tiers antérieur demeure convexe. La face supérieure du diaphragme ne devient jamais entièrement plane, même dans les inspirations les plus profondes ; on peut s'en convaincre en jetant les yeux sur les fig. 1 et 3 de la Pl. x, D'autre part, les coupes transversales d'enfants ayant respiré nous montrent que dans ce sens la convexité du diaphragme devient plus régulière et à courbure moins forte (Pl. xviii; Pl. xix); et que la différence de niveau entre ses deux moitiés est moins accusée.

CHAPITRE III

CAVITÉ ABDOMINALE

Les organes contenus dans cette cavité sont moins que ceux que nous venons de passer en revue susceptibles d'une description précise. Le volume, la forme de quelques-uns d'entre eux sont en effet très-variables. Le foie, toujours volumineux chez le fœtus et le nouveau-né, remplit parfois plus de la moitié de la cavité abdominale. Suivant que l'estomac est ou non distendu par des gaz, il est réduit à un faible volume, ou occupe une place plus considérable. Un plan, passant par la face inférieure de la glande hépatique, diviserait cette cavité en deux grandes loges de forme pyramidale, et sensiblement symétriques : l'une à base supérieure occupant l'épigastre et l'hypochondre droit, à sommet tourné vers la crête iliaque du même côté; l'autre à base inférieure, à sommet tourné vers la partie postérieure de l'hypochondre gauche et renfermant le paquet intestinal, l'estomac et la rate.

Nous étudierons rapidement les points qui nous ont semblé s'écarter le plus de ce qui existe dans l'âge adulte. Lorsqu'on pratique une coupe horizontale à la partie supérieure de la cavité abdominale d'un fœtus, ou une coupe transversale intéressant la partie antérieure de l'abdomen, on voit que la glande hépatique remplit à elle seule presque toute cette cavité.

Dans la coupe horizontale, en effet, on ne rencontre d'autres organes accompagnant le foie, que la portion cardiaque de l'estomac, et la partie la plus élevée de la rate, qui n'y occupent du reste qu'une place très-restreinte, à gauche de la colonne vertébrale, et à la partie la plus reculée de la cavité abdominale (Pl. i, fig. 4).

Dans la coupe transversale, les deux tiers supérieurs de l'abdomen sont parfois occupés par le foie, et le tiers inférieur par l'intestin (Pl. xv).

Le foie peut atteindre, au niveau de son lobe droit, jusqu'à 7 c. 5, 8 c. 5, 9 c. 2 (Pl. xii, xv, xvi) de hauteur verticale; et 10 ou 10 c. 5 de largeur (Pl. xii et xvi) ; c'est-à-dire s'étendre du diaphragme à quelques millimètres au-dessus de la crête iliaque droite dans le sens vertical, et de la paroi de l'un à l'autre hypochondre dans le sens transversal.

La face supérieure ne mérite d'être ainsi appelée que dans la partie qui répond au diaphragme, sur laquelle elle se moule, et qui la sépare des poumons et du cœur. Plus bas, elle devient *antérieure* et répond immédiatement aux parois abdominales antérieure et latérales. Sur les coupes horizontales, cette face antérieure est convexe dans le sens transversal. Elle l'est beaucoup moins dans le sens antéro-postérieur, comme on peut le voir dans les Pl. vii, ix et xi.

La face inférieure du foie (qui est aussi postérieure) est peu régulière ; mais sa direction est à peu près constante. Elle regarde en bas, en arrière (Pl. vi, fig. 1 et 2; Pl. vii; Pl. x, fig. 2 et 3), et à gauche (Pl. v, fig. 1, 2 et 3). Elle est d'autant moins large en général qu'on s'éloigne davantage du diaphragme.

Elle est en rapport, à la partie supérieure de la cavité abdominale : à gauche, avec la rate et la portion cardiaque de l'estomac (Pl. i, fig. 4; Pl. iii, fig. 3, et Pl. v, fig. 1) ; sur la ligne médiane, avec les piliers du diaphragme et les organes auxquels ils livrent passage; à droite, avec la capsule surrénale, dont l'extrémité supérieure remonte presque jusqu'au diaphragme (Pl. xiv, fig. 2; Pl. xvii). Plus bas, elle recouvre l'estomac, le duodénum, le pancréas

(Pl. xii), le paquet intestinal, les reins, coiffés dans leur tiers supérieur des capsules surrénales (Pl. x, fig. 3).

La présence habituelle du tissu hépatique dans la zône abdominale inférieure (Pl. xii, xv, xvi, xvii, xix), rend bien compte des dangers que ferait courir à un fœtus une pression exercée par la main de l'accoucheur au-dessus des crêtes iliaques, et justifie les préceptes donnés par les auteurs et relatifs aux précautions à prendre dans certains cas d'intervention manuelle.

Rate. — La rate, plus ou moins volumineuse, est en rapport par son extrémité supérieure avec le diaphragme; par son bord interne, avec le pilier gauche de ce muscle; par sa face externe, avec les parois abdominales. Sa face antérieure est recouverte par le foie. La face postérieure, d'abord en contact avec le diaphragme, cache une partie de la capsule surrénale gauche qui la sépare du rein.

Estomac. — Les parois de l'estomac ne paraissent pas être toujours accolées l'une à l'autre pendant la vie intra-utérine. Deux coupes faites sur des enfants morts-nés et non insufflés, nous les montrent écartées de telle façon que la cavité stomacale n'est point virtuelle (Pl. vi, fig. 1; Pl. xii). Chez les enfants qui ont vécu ou chez ceux qui ont été insufflés avec le tube de Chaussier, l'estomac présente un état de distension plus ou moins considérable. Les rapports de l'estomac sont déjà connus en partie. Recouvert par le foie, qu'il ne déborde qu'au niveau de sa grosse tubérosité (Pl. viii, fig. 1), il est en contact avec la rate à gauche et en arrière (Pl. ii, fig. 5), avec le pancréas au niveau de sa petite courbure, repose sur le paquet intestinal, et recouvre par sa grosse extrémité la moitié supérieure du rein gauche, dont le sépare la capsule surrénale (Pl. vi, fig. 1; Pl. viii, fig. 2; Pl. x, fig. 1).

Capsules surrénales. — Ce dernier organe possède, chez le nouveau-né, un volume et une forme tout à fait remarquables; et tels qu'on ne peut s'empêcher de lui attribuer, comme au thymus, un rôle important pendant la vie intra-utérine. Son volume le fait égal environ au tiers du rein.

La forme qu'affectent sur les coupes, les glandes surrénales, variant avec le sens même de la section. Les coupes horizontales (Pl. v, fig. 1), verticales antéro-postérieures (Pl. vi, fig. 1; Pl. viii, fig. 1 et 2; Pl. x, fig. 1 et 3), verticales transversales (Pl. xiv, fig. 2; Pl. xvii), donnent une idée de la configuration peu régulière de ces organes.

Elles avaient, chez l'enfant qui a servi à la coupe représentée dans la Pl. xvii, 28 millimètres de hauteur du côté droit, 25 millimètres du côté gauche, alors que les dimensions verticales des reins correspondants étaient égales à 45 et 42 millimètres. Leur largeur maximum était de 25 millimètres. Leur forme rappelle celle d'une pyramide triangulaire à sommet supérieur, à base fortement excavée pour s'adapter à l'extrémité supérieure des reins sur la face antérieure ou externe desquels ils s'avancent plus ou moins.

Les capsules surrénales sont en partie recouvertes par la rate et par le foie. Leur coupe fait voir (Pl. xvii) que leur surface est divisée en un certain nombre de lobes par des scissures peu profondes. Elle montre en outre que leur tissu n'est point homogène, mais qu'il est formé de deux zônes, l'une corticale, légèrement violacée, l'autre centrale, beaucoup plus foncée en couleur.

Les autres organes de la cavité abdominale n'offrent pas assez d'intérêt au point de vue pratique, ni de différences avec ce qui existe dans l'âge adulte, pour que nous nous y arrêtions.

La cavité pelvienne mériterait d'être étudiée avec soin. Nous ne pouvons malheureusement pas nous livrer dès maintenant à cette étude. Nous nous réservons de le faire lorsque nous aurons recueilli sur ce sujet les matériaux indispensables, en quantité suffisante.

DEUXIÈME PARTIE

Personne aujourd'hui n'oserait mettre en doute la valeur de l'auscultation des doubles battements, lorsqu'il s'agit de se prononcer sur l'existence d'une grossesse, sur l'état de vie ou de mort du fœtus, sur son état de santé ou de souffrance pendant le travail.

L'immortelle découverte de Laënnec, depuis l'application à l'obstétrique qu'en ont faite les premiers Mayor, de Genève, et, en France, Lejumeau de Kergaradec, est devenue d'un emploi universel.

Dès 1821, M. de Kergaradec avait rêvé d'agrandir le domaine de l'auscultation obstétricale, en faisant servir ce nouveau mode d'exploration au diagnostic des présentations et des positions du fœtus.

Il pensait, en effet, que les bruits du cœur du fœtus devaient être plus énergiquement, sinon exclusivement transmis à l'oreille par une région limitée de son corps (la région dorsale).

Dès lors, l'intensité des doubles battements était d'autant plus grande que les rapports de cette région avec les parois utérine et abdominale étaient plus immédiats; la détermination du point où les bruits cardiaques s'entendaient avec le plus de force, le plus de netteté, devait permettre de reconnaître la situation occupée par le fœtus dans la cavité de l'utérus.

Cette conception, rationnelle, eut une fortune diverse.

Tandis, en effet, que Ulsamer (1), Lau (2), Desormeaux (3), Laënnec (4), Kennedy (5), Stoltz (6), admettent la possibilité de reconnaître la présentation et la position du fœtus dans la cavité utérine, au moyen de l'auscultation, Dugès, Boivin, Siebold, Capuron, n'accordent aucune valeur à ce mode d'examen. Maygrier, Velpeau n'attribuent à l'auscultation qu'une importance minime.

Paul Dubois (7), dans le remarquable rapport qu'il fit à l'Académie sur un mémoire de M. Bodson, montra qu'il n'accordait pas à l'auscultation une valeur absolue.

Depuis, des travaux importants de Hohl (8), Kilian (9), Newman-Sherwood (10), ceux de MM. Jacquemier (11), de Nægele (12), de M. Carrière d'Azerailles (13), de M. le professeur Depaul (14), et ceux plus récents de MM. Devilliers (15) et Chailly, en faisant sortir la question du vague où elle

(1) Annales de Médecine et de Chirurgie du Rhin. T. VIII.

(2) Dissertatio inauguralis de tubi acustici ad sciscitandam Graviditatem efficacia. Berolini, 1823.

(3) Dictionnaire de Médecine. T. XI, 1824.

(4) Auscultation Médiate. 2e édition, 1826.

(5) The Dublin hosp. reports and communicat. Vol. V. 1830. — Observ. on obst. auscult. 1833.

(6) Dictionnaire des Etudes médicales pratiques. T. II. Paris. 1838.

(7) Archives générales de Médecine. Décembre 1831, t. XXXI.

(8) Die Geburtshülfliche Exploration: Das Hœren. Januar 1833. Halle.

(9) Die operative Geburtshülfe. 1834. Bonn.

(10) De auscultatione obstetricia. 1834. Halæ.

(11) Thèse inaugurale. Paris. 1837.

(12) Die Geburtshülfliche Auscultation.

(13) Thèse de Strasbourg. 1838, 2e série, n° 21.

(14) Thèse de Paris. 1839.

(15) Devilliers et Chailly. Revue médicale. Juin 1842. — Devilliers. Recueil de Mémoires.

était demeurée, en précisant les termes du problème, ont établi que le stéthoscope pouvait fournir, pendant la grossesse et l'accouchement, des indications précieuses sur la situation occupée par le fœtus.

Tous cependant ne jugent pas l'auscultation avec la même faveur.

Hohl admet que le point où l'on entend le mieux les pulsations fœtales indique en général la *position* de l'enfant ; mais il avoue qu'il n'a jamais pu différencier, dans les positions occipito-iliaques droites, une variété antérieure d'une variété postérieure.

Nœgele fils admet la possibilité de reconnaître la *position*, mais non la *présentation*.

M. Jacquemier croit que l'auscultation ne peut donner de renseignements précis que lorsqu'il y a un commencement de travail ; l'utérus se moulant alors sur les parties qu'il renferme.

M. le professeur Depaul, qui a, d'abord dans sa thèse inaugurale, et plus tard dans un traité complet, fait une étude approfondie de l'auscultation obstétricale, accorde à ce moyen d'exploration une valeur presque absolue, en ce qui regarde le diagnostic des *présentations*, des *positions* et des variétés de *positions*.

MM. Devilliers et Chailly admettent la possibilité de reconnaître dans bon nombre de circonstances les *présentations* et les *positions*, mais croient qu'on ne peut presque jamais distinguer les positions antérieures des postérieures d'un même côté, en ne tenant compte que des signes fournis exclusivement par l'auscultation.

Nous n'avons pas à rechercher ici les causes multiples de ces divergences d'appréciation. Nous nous bornerons à faire remarquer que la différence dans le choix des points et des lignes de repère maternels, devait fatalement entraîner quelques différences dans les résultats.

On sait, en effet, que M. le professeur Depaul divise, avec raison, le *globe utérin* en quatre régions, par deux lignes, « l'une menée horizontalement vers le milieu de la hauteur de l'utérus, » l'autre « verticale, qui, partant du sommet de cet organe, tombe sur le pubis en coupant la première à angle droit. »

M. Stoltz, au contraire, et après lui MM. Devilliers et Chailly, partagent l'abdomen au moyen de deux lignes perpendiculaires l'une sur l'autre, dont l'intersection répond à la cicatrice ombilicale.

Quoi qu'il en soit, les auteurs que nous venons de citer admettent comme ligne de démarcation entre les présentations la première de ces lignes, et font jouer à la seconde le même rôle en ce qui regarde le diagnostic des positions.

Présentations. — Tous les auteurs ont jusqu'ici basé le diagnostic des présentations sur un fait anatomique inexact.

« Le cœur de l'enfant, dit M. le professeur Depaul (1), par la place « qu'il occupe dans la cavité thoracique, est *beaucoup plus rapproché* de « l'extrémité supérieure de la colonne vertébrale que de l'extrémité opposée. « Il en résulte que, quand la première reposera sur un plan, cet organe cor- « respondra à une certaine hauteur, et que celle-ci s'élèvera d'une manière « notable, si c'est la seconde qu'on y place. En supposant le fœtus renfermé « dans la cavité utérine, le point de l'abdomen où seront perçus les battements « du cœur, avec leur *summum* d'intensité, devra être plus élevé, si c'est le « siége qui correspond au détroit supérieur ; il le sera beaucoup moins, au « contraire, si c'est la tête qui se présente. »

De leur côté, MM. Devilliers et Chailly écrivent : « C'est toujours, comme « on sait, ce summum qui sert de guide pour déterminer la situation du fœtus, « parce qu'on suppose qu'il a son siége sur la région précordiale postérieure, « le fœtus étant presque toujours courbé sur sa face antérieure, et parce que « *cette région est beaucoup plus rapprochée de l'extrémité céphalique que* « *de l'extrémité pelvienne.....* (2) »

Si le cœur est en effet *un peu plus rapproché* de l'extrémité supérieure de la colonne vertébrale (apophyse odontoïde), que de la partie inférieure (angle

(1) Traité d'Auscult. obst, p. 320.

(2) Revue médicale, 1842.

sacro-vertébral) [V. p. 12], il ne faut pas oublier que c'est le contraire qui s'observe lorsque l'on considère le corps même du fœtus, pelotonné ou non.

Le cœur se trouve *alors plus rapproché de son extrémité pelvienne* que de son extrémité céphalique. (V. p. 13 et Pl. VII, XI, XII, XXI, XXII, XXIII, XXIV.)

La différence est trop faible pour qu'on ne puisse la négliger sans inconvénient dans la pratique, et considérer le cœur du fœtus contenu dans la cavité utérine comme étant situé A ÉGALE DISTANCE *de ses deux pôles.*

Le lieu de production des bruits cardiaques n'est donc pas plus élevé si c'est le siége, que si c'est la tête qui se présente, lorsque ces deux régions sont l'une et l'autre au niveau de l'aire du détroit supérieur.

Si le plus souvent, dans les présentations du sommet, les bruits du cœur du fœtus se font entendre en un point plus rapproché du pubis que du fond de l'utérus, c'est que le plus souvent aussi, dès le 8e mois, et fréquemment dès le 7e quand la femme est primipare, la tête est plus ou moins engagée dans l'excavation. L'ovoïde fœtal s'étant ainsi abaissé d'une certaine quantité, son centre se rapproche du détroit supérieur d'une quantité égale.

M. Carrière, analysant les observations dans lesquelles il avait noté le point précis occupé par les pulsations fœtales, fait observer que plusieurs des femmes chez lesquelles ce point siégeait *en haut* « n'avaient que 6 à 7 mois de grossesse, et que par la suite il a été constaté bien au-dessous de l'ombilic chez deux ou trois d'entre elles. »

Ce qui s'explique par ceci : que dans le 6e ou 7e mois de la grossesse, l'ovoïde fœtal n'était contenu que dans l'abdomen, tandis que plus tard une de ses extrémités était descendue dans l'excavation.

Mais que pour une raison quelconque, — angustie pelvienne, insertion vicieuse du placenta, défaut de tonicité des parois utérine et abdominale, volume exagéré de la tête fœtale, — celle-ci ne puisse s'engager dans l'excavation, et, à la fin de la grossesse, ou alors même que le travail se sera déclaré, les bruits du cœur s'entendront à égale distance du pubis et du fond de l'utérus.

« J'ai quelquefois rencontré, dit M. Carrière, les pulsations fœtales à la hauteur de l'ombilic et même au-dessus de ce point, et le fœtus s'est présenté dans une position de l'extrémité supérieure. Ceci avait lieu *surtout* lorsque la *tête était à peine accessible* au doigt explorateur ; on sait qu'en effet le point qui correspondait à la région dorsale, devait presque nécessairement se trouver en rapport avec un point assez rapproché du fond de l'utérus. »

Il en est de même lorsque la partie qui se présente est le sommet défléchi ou l'extrémité pelvienne, tant que ces parties restent au niveau du détroit supérieur.

Par contre, il suffit que la région qui se présente s'engage, sous l'influence des premières contractions douloureuses, pour que les bruits cardiaques, se rapprochant du pubis, arrivent à se produire au point où l'on est habitué de les rencontrer dans le cas de présentation du sommet.

Il n'est pas nécessaire pour cela, comme le croit M. le professeur Depaul (1), de supposer, pour l'extrémité pelvienne, « une partie considérable « de l'enfant au dehors des organes de la génération. »

Lorsque le fœtus est situé transversalement, les bruits du cœur s'entendent à une hauteur qu'il est impossible de fixer d'avance. Tout ce que nous pouvons dire, c'est qu'après le début du travail, alors que l'épaule se présente et tend à s'engager au détroit supérieur, les doubles battements doivent se produire en un point rapproché de la symphyse du pubis (V. Pl. XXV).

Positions. — La détermination de la position, au moyen du stéthoscope, n'est possible qu'à la condition qu'il existe une région limitée du corps du fœtus, qui transmette à l'oreille les bruits produits par le cœur. Cette région existe-t-elle ? Et si elle existe, quelle est-elle ?

Paul Dubois, dans son remarquable rapport (2), dit à ce sujet : « Ce n'est pas en un point circonscrit des parois abdominales que les bruits du cœur s'entendent pendant la vie intra-utérine ; il est presque toujours possible au

(1) Loc. cit., p. 329.

(2) Loc. cit.

contraire d'en recevoir l'impression dans un espace assez étendu, par exemple dans un rayon de 3 ou 4 pouces, autour du point où les doubles battements s'entendent avec le plus de force et de netteté. De plus, dans quelques cas, surtout lorsque les pulsations du cœur sont fortes, elles s'entendent dans un espace beaucoup plus étendu que celui que nous venons d'indiquer; nous ajouterons même qu'il n'est pas rare alors que les pulsations se fassent entendre avec plus ou moins d'intensité sur plusieurs points assez distants les uns des autres; dans d'autres cas, enfin, les doubles battements se perçoivent très-obscurément partout où il est possible de les distinguer.

« Il est très-vraisemblable que le point des parois abdominales sur lequel les doubles battements s'entendent avec le plus de force, correspond, *non pas nécessairement au dos du fœtus, comme on parait l'admettre généralement, mais simplement à l'une des parois du thorax;* notre expérience justifie complétement cette opinion.

« Il est vraisemblable aussi que la perception des bruits du cœur, dans quelques points éloignés de celui dont nous venons de parler, a lieu par l'entremise d'autres parties solides de l'enfant, dans lesquelles le choc se propage et retentit en quelque sorte.

« Si notre opinion à cet égard est réellement fondée, comme nous le pensons, il est évident que l'entente des bruits du cœur n'annonçant pas autre chose qu'un rapport probable entre le point des parois abdominale et utérine qui en est le siége, et l'une des portions de la poitrine du fœtus, il n'est pas possible que cette observation conduise à une connaissance exacte et certaine de ces rapports avec la cavité de la matrice, et par conséquent avec l'ouverture supérieure du bassin.

« D'un autre côté, les pulsations du cœur du fœtus offrent assez souvent le même degré de force sur plusieurs points différents, dont les uns sont rapprochés du fond et les autres du col de la matrice; il est difficile, dans ce cas, de juger même des rapports réels des extrémités de l'ovoïde fœtal avec les extrémités de l'organe qui les renferme. A plus forte raison, le diagnostic est-il difficile, ou même impossible, quand les pulsations du cœur sont partout obscurément entendues. Enfin les rapports de l'oreille ou du stéthoscope *avec la poitrine* de l'enfant, n'étant pas indispensables à la perception des battements du cœur, puisque le choc peut en être propagé *sur d'autres parties* de l'enfant, il est évident que l'auscultation a des ressources plus nombreuses qu'on ne l'avait pensé, et vous avez pu voir déjà que ces ressources ont laissé rarement une exploration sans résultat. Ainsi, sous ce rapport, on avait à la fois trop et trop peu présumé des avantages qu'offre l'auscultation à la pratique des accouchements; on avait trop présumé, quand on espérait reconnaître presque toujours par elle la situation réelle de l'enfant, et trop peu quand on pensait que les bruits du cœur ne pouvaient être propagés que par la région dorsale du fœtus, et que l'éloignement de cette partie de la partie antérieure du l'utérus et de l'abdomen, devait rendre nuls les résultats de l'exploration à l'aide de l'oreille et du stéthoscope. »

Plus loin, Dubois parlant du diagnostic des grossesses doubles, rapportait à l'appui de sa thèse, parmi d'autres, un fait très-probant :

« Il n'est pas sans doute inutile, disait ce maître, de noter ici que, dans un de ces cas, l'enfant qui naquit le premier se présenta et parcourut le bassin en sixième position (Baudelocque); c'est-à-dire que sa région dorsale répondait directement à la paroi postérieure de l'utérus, qu'elle était par conséquent inaccessible au stéthoscope, et que les doubles battements que nous avons parfaitement distingués nous avaient été transmis par la région ANTÉRIEURE ET LATÉRALE GAUCHE du fœtus. »

Aussi Dubois, fort de son expérience, formulait, en terminant son rapport, la conclusion suivante (8e conclusion) :

« Ce n'est pas la région dorsale du fœtus seulement, mais les diverses régions de la poitrine, et probablement quelques autres parties encore, qui transmettent l'impression des doubles battements; cette circonstance, en rendant possible la perception des pulsations du cœur dans quelque position que se trouve le fœtus, s'oppose cependant à ce que l'on puisse déterminer avec exactitude ses rapports réels avec la matrice et le bassin. »

L'autorité qui s'attache au nom de Paul Dubois nous faisait un devoir de citer en entier ce passage de son mémoire.

M. Jacquemier a entendu chez beaucoup de nouveau-nés les bruits du cœur : « En avant et sur les côtés, depuis la partie inférieure du cou jusqu'à l'ombilic, un peu plus bas du côté droit que du côté gauche ; ils sont d'autant moins marqués qu'on s'éloigne davantage de la région précordiale ; je les ai entendus quelquefois au-dessous de l'ombilic et sur le moignon de l'épaule. Dans la région dorsale, je les ai toujours entendus assez faiblement, souvent seulement à la place qui correspond à la région précordiale, d'autrefois jusqu'au niveau des fausses côtes, mais jamais plus bas ; nul doute que le bruit de soufflet de la respiration ne les masque en partie, et qu'ils sont plus nets et plus faciles à entendre avant la naissance. »

Plus heureux, M. Carrière a quelquefois ausculté « des enfants nouveau-nés immédiatement après leur expulsion et avant que la respiration ne se fût établie et ne les eût placés dans des circonstances différentes de celles dans lesquelles ils se trouvent quand l'utérus les tient encore renfermés.

« J'ai appliqué le stéthoscope sur tous les points de leur corps, et je puis affirmer que le thorax, le cou et la colonne vertébrale jusqu'au sacrum, sont les seuls points où l'on perçoit distinctement les bruits de leur cœur. C'était *par le dos et le côté gauche que ces bruits se transmettaient avec plus de force* ; et on ne les entendait ni sur la tête ni sur les membres, alors même qu'on plaçait ceux-ci dans la position qu'ils affectent avant la naissance. D'un autre côté, si l'on tient compte de l'attitude dans laquelle se trouve ordinairement le fœtus dans le sein de sa mère, attitude qui est telle que, courbé sur un plan antérieur, il présente ses quatre membres fléchis et comme ramassés au-devant de ce plan qu'ils protégent, on ne concevra guère la possibilité de la transmission des pulsations fœtales, du moins dans les circonstances ordinaires, *par des parties autres que le dos ou les côtés du fœtus.* »

On voit que M. Carrière, de même que Paul Dubois, admet que les bruits du cœur peuvent être transmis à l'oreille par le dos et les côtés du fœtus.

A son tour, M. Depaul a repris ces expériences, en opérant, comme M. Jacquemier, sur des enfants nouveau-nés, mais ayant respiré :

« J'ai, dit le savant professeur de clinique (1), soumis à l'auscultation vingt enfants qui venaient de naître, et c'est toujours par la *région précardiale* que j'ai débuté ; c'est aussi sur cette partie de la poitrine, c'est-à-dire *en avant et un peu à gauche,* que j'ai *le mieux entendu les bruits du cœur ;* ils y étaient toujours *plus forts et plus sonores* que partout ailleurs, et, indépendamment du choc qu'ils communiquaient à l'oreille, ils offraient dans leur timbre quelque chose de spécial, difficile à décrire, mais facile à reconaître, et qui disparaissait à mesure qu'on s'éloignait du point central.

« J'ai pu suivre le bruit de ces doubles battements en haut jusqu'à la partie supérieure de la région cervicale, en bas jusqu'au-dessous de l'ombilic, et dans quatre cas jusqu'aux limites inférieures du thorax seulement ; mais toujours avec une diminution d'autant plus grande dans l'intensité du son que je m'éloignais davantage du cœur.

« Le stéthoscope, placé sur la région dorsale dans le point correspondant à ce dernier organe, permettait aussi de suivre avec facilité les doubles pulsations ; mais déjà une petite différence pouvait être appréciée sous le rapport de l'intensité et de la netteté : l'épaisseur plus considérable du tissu pulmonaire, devenu plus perméable à l'air, ainsi que le bruit de la respiration, rendent suffisamment compte de cette circonstance. Du reste, comme dans la région sternale, le bruit se propageait, soit en haut, soit en bas, dans la même étendue et avec des modifications analogues. Le développement considérable du foie à cette époque de la vie explique son extension vers la cavité abdominale....

« En fléchissant le bras sur la partie antérieure de la poitrine, et en plaçant le stéthoscope sur ce membre, j'ai toujours constaté une diminution dans l'intensité des bruits, qui était moindre alors que celle qui appartenait à la région dorsale.

« L'interposition de la cuisse sur le ventre produisit le même résultat, et fit cesser souvent les doubles pulsations dans cette région. Dans aucun cas, je n'ai pu constater la transmission de ces bruits soit par le siége, soit par la tête, et cependant, pour celle-ci, j'ai varié l'expérience en la fléchissant fortement sur le sternum ou en l'étendant au contraire sur le rachis. »

M. Depaul prévient les objections qui pourraient être adressées à des ex-

(1) Loc. cit., p. 312.

périences faites dans des conditions aussi différentes de celles qui existent alors que l'enfant n'a pas respiré et qu'il est encore contenu dans la cavité utérine, baigné de toutes parts par le liquide amniotique, et reconnait que le volume du thymus, que l'état fœtal des poumons peuvent modifier les résultats de l'auscultation. Il a pu, d'ailleurs, dans deux cas vérifier l'exactitude des faits avancés par M. Carrière, en se plaçant dans les mêmes conditions que ce dernier observateur.

M. Devilliers adresse, dans le même sens, à M. Carrière, des critiques qui ne manquent pas de valeur : « L'auscultation d'un enfant pratiquée à l'air libre n'est pas comparable à ce qu'elle est lorsque l'enfant est placé dans un milieu meilleur conducteur (parties liquides, utérus, parois abdominales, etc.). L'œuf humain et ses enveloppes, y compris l'utérus et les parois abdominales, peuvent être considérés, comme formant avec le fœtus tout un appareil sonore à vibrations très-énergiques qui partent du cœur fœtal, ne se perdant pas à peu de distance de cet organe, comme lorsque le fœtus est exposé à l'air libre, mais se propageant non-seulement jusqu'aux extrémités du fœtus, mais aussi aux parties maternelles. »

A l'appui de cette dernière assertion, M. Devilliers rapporte deux observations probantes. Dans la première (Obs. 7), il entendit les bruits du cœur en appliquant son stéthoscope sur le siége du fœtus, ce dont il put s'assurer en introduisant la main dans la cavité utérine pour opérer la réduction du cordon procident. Dans la seconde (Obs. 8), le stéthoscope, appliqué sur la tête, transmettait les doubles battements du fœtus.

Les résultats obtenus par Paul Dubois, par MM. Jacquemier, Carrière, par M. le professeur Depaul, par M. Devilliers, sont, on le voit, tous concordants : ce n'est pas chez le fœtus une région unique qui transmet à l'oreille les pulsations cardiaques. Mais, parmi celles qui les transmettent, en est-il une qui le fasse mieux que les autres ? C'est là le point capital. C'est en ces termes que M. le professeur Depaul pose le problème :

« En admettant que les doubles pulsations puissent être transmises par diverses régions du fœtus, en est-il une plus favorablement disposée que les autres pour nous la communiquer avec une force particulière ? Ne peut-on pas, dans l'immense majorité des cas, se mettre en rapport avec elle, en déprimant plus ou moins les parois abdominales de l'utérus ? »

Passant alors en revue les diverses régions du fœtus contenus dans la matrice, M. le professeur Depaul faisait remarquer :

1° Que la colonne vertébrale assez fortement fléchie est très-favorablement disposée pour que sa convexité puisse être mise en rapport immédiat avec les parois utérine et abdominale, grâce à une pression convenable exercée au moyen du stéthoscope ;

2° Que ce même rapport ne peut être obtenu, lorsqu'il s'agit du plan antérieur du fœtus, et cela à cause de la présence au-devant de ce plan des membres supérieurs et inférieurs fléchis, et d'une quantité de liquide amniotique plus considérable ;

3° Quant aux régions latérales du tronc, elles offrent une conformation qui lui permet de se mettre facilement en rapport avec l'utérus, et l'on conçoit qu'elles puissent assez bien transmetttre les doubles pulsations, surtout dans leur partie supérieure. Il est incontestable, cependant, que cette transmission s'y fait avec moins de force que sur la région dorsale ; « *l'interposition du bras et les rapports du cœur* rendent compte de cette différence. »

En résumé, la colonne vertébrale est, pour M. Depaul, la région fœtale qui est le plus favorablement disposée pour transmettre les bruits du cœur.

Velpeau avait déjà dit, après Newman Sherwood, en parlant du cœur fœtal (1) :

« On ne l'entend jamais mieux que quand le dos de l'enfant correspond à quelqu'un des points de la moitié antérieure de l'utérus, *et les rapports du cœur avec le rachis font que le dos* est la SEULE PARTIE qui soit évidemment susceptible de transmettre les battements doubles à l'oreille de l'observateur. Aussi est-ce entre les arcades crurales gauches ou droites et l'ombilic qu'on les entend le mieux et le plus souvent. »

(1) Traité élémentaire de l'Art des Accouchements, t. I, p. 191.

S'il est incontestable que la région vertébrale du fœtus est, mieux que tout autre, capable de se mettre, dans une large étendue, en contact avec la face interne de la paroi utérine, et, par suite, de communiquer à l'oreille, par l'intermédiaire de cette paroi et de la paroi abdominale, les bruits que le cœur lui aura transmis, il n'en est pas ainsi de son aptitude à recevoir du cœur lui-même les bruits qui prennent naissance dans ses cavités. L'étude anatomique que nous avons faite (p 12) de la cavité thoracique et des organes qu'elle contient ne nous montre pas que la colonne vertébrale soit, par ses rapports avec le cœur, favorisée à cet égard.

Que voyons-nous, en effet, sur les coupes représentées dans la Pl. I, fig. 2 et 3? Le cœur est à une certaine distance de la colonne vertébrale, dont le séparent les organes du médiastin postérieur et une certaine épaisseur du tissu pulmonaire, tandis qu'il est dans la région précordiale, c'est-à-dire en avant et à gauche, en rapport immédiat avec la paroi thoracique sur une large surface. Qu'en résulte-t-il?

Le centre du cœur est, sur chacune de ces figures, à une distance telle des différents points de contact de la poitrine, qu'une circonférence tracée de ce point central avec un rayon de 22 millimètres, et tangente en avant au plan antérieur, reste à 5 millimètres du plan antéro-latéral, tandis qu'elle ne fait qu'échancrer légèrement le côté gauche de la face antérieure du corps de la vertèbre. Une onde sonore, partie du centre du cœur, sera, en avant, arrivée au niveau des téguments cutanés, alors que, en arrière, elle ne fera qu'aborder la face antérieure de la vertèbre. Elle sera parvenue à l'extérieur, au niveau du plan latéral gauche, alors qu'en arrière elle ne fera que couper le canal rachidien.

Les paroi antérieure, antéro-latérale et latérale gauches, sont donc mieux disposées que la paroi postérieure de la poitrine pour recevoir les bruits émis par le cœur, car les ondes sonores qu'elles reçoivent, appartenant à des rayons plus petits, sont plus intenses, et par conséquent plus aptes à être transmises avec force et netteté. Mais la présence des bras croisés sur la poitrine, en écartant de la paroi utérine les plans latéral et antéro-latéral, ne va-t-elle pas faire perdre à ces plans le bénéfice de leur voisinage avec le cœur? Pour qu'il en soit ainsi, l'une des deux conditions suivantes nous semble nécessaire: 1° ou bien le volume du bras est tel, que son épaisseur surpasse notablement la masse des parties comprises entre la face antérieure des vertèbres dorsales qui répondent au cœur, et les téguments du dos; 2° ou bien le bras jouit à un moins haut degré que la colonne vertébrale du pouvoir de conduire les vibrations sonores.

1° Le bras d'un enfant de poids moyen offre un diamètre de 25 à 30 millimètres. Lorsqu'il est appliqué sur le côté ou le devant de la poitrine, le centre du cœur n'est guère plus distant de sa face externe que de la région dorsale.

La planche XX, qui représente une coupe transversale, faite obliquement de la 1re vertèbre dorsale à l'ombilic, montre les rapports du cœur avec le bras et le rachis chez un fœtus pelotonné. Le cœur y est manifestement plus rapproché de la face externe du bras gauche que du plan dorsal, au niveau de la 1re vertèbre du dos. Il est bien certain que le cœur était moins éloigné de la 4e ou de la 6e; mais la distance qui les séparait n'était pas (en admettant même qu'elle le fût) de beaucoup inférieure à celle qui existait entre lui et la face externe du bras.

En outre, en raison de son faible volume, le bras ne peut pas recouvrir à la fois, dans toute leur étendue, les parois latérale gauche et antérieure du thorax.

Le stéthoscope peut donc, soit en avant, soit en arrière du membre supérieur, se mettre en rapport immédiat ou presque immédiat avec un point de la paroi thoracique contiguë au cœur. N'est-il pas d'ailleurs vraisemblable que la pression de l'instrument, appliqué sur le bras même, déplacera celui-ci en le faisant glisser sur la paroi thoracique, de façon à rendre tout à fait accessible la région précordiale?

2° Nous avons recherché ce qui conduirait le mieux un son : d'un bras ou d'un tronçon de colonne vertébrale de longueur égale à celle du bras.

Nous fixions successivement l'un et l'autre à l'extrémité d'un stéthoscope, et, avec l'instrument ainsi disposé, nous écoutions le tic-tac d'une montre placée sur une table, en nous éloignant progressivement du lieu de production du bruit. Nous avons toujours entendu celui-ci, avec le stéthoscope armé du bras, alors qu'il ne nous était plus possible de le percevoir lorsque nous y fixions le tronçon de colonne vertébrale.

Nous avons acquis, en répétant plus d'une fois cette expérience, la conviction que le bras d'un fœtus conduisait mieux les sons, soit dans le sens de sa longueur, soit dans celui de son épaisseur, qu'un tronçon de colonne vertébrale de mêmes dimensions.

Ce résultat était facile à prévoir.

Le bras, formé d'un os unique, revêtu de parties molles, doit offrir de meilleures conditions de conductibilité que la colonne vertébrale, assemblage hétérogène de noyaux osseux, entourés de cartilages, et séparés les uns des autres par des disques fibro-cartilagineux.

Si l'étude des rapports anatomiques exacts du cœur avec les extrémités de l'ovoïde fœtal d'une part, avec les parois du thorax d'autre part, nous a conduit à émettre des opinions en désaccord sur plusieurs points avec celles qui ont cours dans la science, la clinique a confirmé les résultats que l'anatomie nous faisait prévoir.

Pendant notre année d'internat à la Maternité, nous avons soigneusement ausculté les bruits du cœur fœtal chez les nombreuses femmes qui ont passé dans le service de notre excellent maître, M. Tarnier.

Nous commencions toujours par faire, à l'aide du palper et du toucher, le diagnostic de la présentation, du degré d'engagement de la partie, puis celui de la position, et nous reconnaissions ensuite à quelle variété de position nous avions affaire.

Ce diagnostic complet nous étant acquis, nous procédions à la recherche des doubles battements, en plaçant notre stéthoscope, d'abord au point où nous pensions avoir chance de les entendre. Cela fait, nous promenions notre instrument sur l'abdomen, tout autour de ce point.

Nous délimitions, de la sorte, une surface plus ou moins étendue, dans laquelle nous cherchions ensuite à distinguer le point, ou plutôt l'aire restreinte où les bruits du cœur s'entendaient au maximum.

Nous avions soin d'exercer alors, en chaque point, avec le stéthoscope, une pression de même force; une pression plus énergique déterminant, lorsque l'instrument est en rapport avec une région peu éloignée du cœur, une augmentation notable dans l'intensité des bruits.

Cette aire maximum déterminée était indiquée par un signe tracé au crayon sur la peau de l'abdomen.

Nous n'avons jamais pu, en nous éloignant de cette aire, suivre les bruits du cœur sur le trajet d'une ligne, en nous guidant sur leur intensité graduellement décroissante. Ceux-ci rayonnaient dans tous les sens autour de l'aire maximum sur une surface d'étendue variable de forme souvent irrégulière, et diminuaient ensuite plus ou moins rapidement.

Nous notions soigneusement et la limite au delà de laquelle ils cessaient d'être perçus, et leur intensité proportionnelle sur toute la surface d'auscultation. Nous mesurions ensuite, à l'aide du céphalomètre de notre ami M. le Dr Budin, la distance de la symphyse au fond du globe utérin, la hauteur de l'ombilic au-dessus du pubis, la situation de l'aire maximum et de la surface d'auscultation par rapport au pubis, au fond de l'utérus; à la ligne médiane, enfin, nous prenions en note les dimensions et les formes de cette surface d'auscultation.

Nous rapporterons quelques observations parmi celles que nous avons ainsi recueillies. Chacune d'elles est accompagnée d'une figure schématique, mais exacte (V. Pl. XXVI; XXVII), représentant une réduction au cinquième du globe utérin, avec la ligne médiane du corps et la cicatrice ombilicale. La surface d'auscultation est indiquée par une réunion de points, dont la grosseur varie avec le degré d'intensité des bruits du cœur.

OBSERVATIONS

OBSERVATION I. (Pl. XXVI, fig. 1.)

Jeanne G..., 18 ans, primipare. Entre au pavillon d'isolement de la Maternité le 31 mars 1877, à 7 heures du matin.

Dernières règles du 10 au 12 juillet 1876.

Les premières douleurs se sont montrées le 31 mars, à 4 h. 30 du matin.

Examinée à 8 h. du matin.

Présentation du sommet en O. I. G. A. La tête est fortement engagée dans l'excavation. Dilatation égale aux dimensions d'une pièce de 2 francs.

Le fond de l'utérus est à 20 centim. au-dessus du pubis.
L'ombilic 14 c. —

Largeur du segment supérieur de l'utérus : 18 centim.

La surface d'auscultation, de forme à peu près circulaire, offre 5 centim. de diamètre. L'aire maximum est située sur le trajet d'une ligne allant de l'ombilic à l'épine iliaque antéro-supérieure gauche. Elle est à 12 centim. au-dessous de l'ombilic et à 6 centim. au-dessus de l'épine iliaque, à 17 c. du fond de l'utérus, et à 10 c. de la symphyse.

Terminaison en O. I. O. A. — Fille pesant 3,220 gr.

OBSERVATION II. (Pl. XXVI, fig. 2.)

Joséphine R..., 27 ans, primipare. Admise le 22 avril 1877 au pavillon, à 8 h. matin.

Dernières règles du 16 au 22 juillet 1876.

Apparition des premières douleurs le 22 avril, à 1 h. du matin. — Rupture des membranes à 4 h. du matin. — Examinée à 10 h. — Présentation du sommet en O. I. G. A. Tête engagée dans l'excavation. — Dilatation équivalente au diamètre d'une pièce de 5 francs.

Hauteur du fond de l'utérus au-dessus de la symphyse, 21 centim.
— de l'ombilic — 19 c.

Largeur du segment supérieur de l'utérus : 19 c. 5.

Les bruits du cœur s'entendent dans une étendue assez considérable, qui mesure 13 centim. de hauteur, 8 de largeur. — On les perçoit avec le plus d'intensité à 12 centim. de l'ombilic, à peu près à mi-chemin de ce point et de l'épine iliaque ; à 15 c. du fond de l'utérus, à 11 c. du pubis.

Terminaison le 24, à 4 h. 45 du matin en O. I. G. A. — Fille pesant 3,550 gr.

OBSERVATION III. (Pl. XXVI, fig. 3.)

Marie T..., 23 ans, primipare. Entrée le 9 avril 1877 au pavillon.

Dernière apparition des règles vers le 15 juillet.

Premières douleurs, le 9 avril, à 4 h. du matin. — Examinée à 9 heures. — Hydroamnios. Présentation du sommet en O. I. G. A. Tête très-engagée. La rotation se fait pendant qu'on examine la malade.

Hauteur du fond de l'utérus au-dessus du pubis, 32 centim.
— de l'ombilic — 16 c.

Largeur du segment supérieur de l'utérus : 21 c.

Les bruits du cœur sont perçus très-bas sur la ligne médiane et de chaque côté de cette ligne, surtout à gauche, sur une surface irrégulièrement triangulaire à sommet supérieur. — L'aire maximum est à 13 centim. au-dessus du pubis, et à 21 c. au-dessous du fond de l'utérus.

OBSERVATION IV. (Pl. XXVI, fig. 3.)

Philomène T..., 18 ans. Entrée le 10 février 1877 à la Maternité. — Primipare. Arrivée au neuvième mois de sa grossesse.

Dernières règles vers la fin de mai 1876.

Examinée le 10 février, à 10 h. du matin. — Présentation du sommet en O. I. G. A. Tête très-engagée. Col presque effacé. Début du travail dans la nuit du 20 au 21 février. Au moment de l'examen, la dilatation est presque complète : la rotation de la tête s'est effectuée.

Hauteur du fond de l'utérus, 28 c.
Hauteur de l'ombilic, 15 c.
Largeur du segment supérieur de l'utérus : 25 c.

Surface d'auscultation comprise entre le pubis et l'ombilic, avec l'aire maximum un peu à gauche de la ligne médiane. — Cette surface, assez large, s'étend vers le côté gauche. Elle mesure 10 c. dans le sens vertical et autant dans le sens transversal.

Terminaison en O. I. G. A.

OBSERVATION V. (Pl. xxvi, fig. 5.)

Catherine R..., 27 ans, primipare. Entrée le 31 mars, à 5 h. du matin, au Pavillon.
Dernières règles du 26 au 29 juin 1876.

Les premières douleurs se sont montrées à minuit. — Examinée à 9 h. du matin. — Dilatation complète. Présentation du sommet en O. I. G. A. La rotation de la tête est presque achevée. Fœtus fortement incurvé sur lui-même.

Hauteur du fond de l'utérus, 25 c.
Hauteur de l'ombilic, 14 c.
Largeur du segment supérieur de l'utérus : 18 c. 5.

Large surface d'auscultation, mesurant 12 c. de haut en bas et 11 c. transversalement. Aire maximum à gauche de la ligne médiane à 10 c. au-dessus du pubis, et à 15 c. du fond de l'utérus.

Terminaison en O. I. G. A. le 31 mars, à 10 h. du matin. — Fille pesant 3,190 gr

OBSERVATION VI. (Pl. xxvi, fig. 6.)

Antoinette G..., 22 ans, primipare. Entrée le 6 avril 1877, à 4 h. du soir, au Pavillon.
Dernières règles du 2 au 6 juillet 1876

Le travail s'est déclaré le 6 avril, à 10 h. du matin. Le col est effacé. Orifice lenticulaire. Présentation du sommet en O. I. G. A.. Tête engagée. Rotation presque achevée.

Hauteur du fond de l'utérus, 23 c.
Hauteur de l'ombilic. 16 c.
Largeur du segment supérieur de l'utérus : 18 c.

Surface d'auscultation à peu près circulaire, s'étendant à gauche de la ligne médiane de l'utérus. L'aire maximum se trouve presque sur la ligne médiane, au niveau du plan latéral droit du fœtus, par conséquent sur la limite de la surface d'auscultation, un peu plus rapprochée du pubis que du fond de l'utérus.

Terminaison à 10 h. 15 du soir. -- Fille pesant 2,910 gr., née en O. I. G. A.

OBSERVATION VII. (Pl. xxvi, fig. 7.)

Berthe F..., Admise le 22 mars, à 1 h. de l'après-midi, au Pavillon. Femme âgée de 19 ans, primipare. En travail depuis 5 h. du matin.

Examinée au moment de son entrée dans le service. — Présentation du sommet en O. I. G. A. Col effacé. Dilation équivalente aux dimensions d'une pièce de 1 fr. La tête est assez engagée dans l'excavation.

Hauteur du fond de l'utérus, 25 c.
Hauteur de l'ombilic, 18 c.

Surface d'auscultation de forme ovale, ayant 12 c. dans son plus grand diamètre, et 8 c. dans le plus petit. L'aire maximum est située au centre de la surface d'auscultation, à 11 c. au-dessus et à gauche du pubis, à 15 c au-dessous du fond de l'utérus, sur une ligne allant de la cicatrice ombilicale à l'épine iliaque antérieure et supérieure gauche.

Terminaison, à 7 h. 45 du soir, en O. I. G. A. — Fille pesant 3,220 gr.

OBSERVATION VIII. (Pl. xvvi, fig. 8.)

Claudine R..., 24 ans. primipare. — Admise le 19 avril 1877, à 3 h. du soir, au Pavillon.

Cette femme, dont les dernières règles se sont montrées du 27 au 30 juillet 1876, est en travail depuis la veille. Les premières douleurs se sont déclarées à 9 h. du matin. Examinée à 3 h. 15 Présentation du sommet en O. I. G. A. Tête à peine engagée. Dilatation égale aux dimensions d'une pièce de 5 francs.

Hauteur du fond de l'utérus, 26 c.
Hauteur de l'ombilic, 16 c.

Les bruits cardiaques s'entendent dans une grande étendue, surtout dans le sens vertical, où ils sont perçus sur une longueur de 15 c. L'aire maximum, située à 13 c. au-dessus du pubis, et à 15 c. 5 au-dessous du fond de l'utérus, se trouve sur la ligne qui de l'ombilic va à l'épine iliaque antéro-supérieure gauche.

Terminaison : application du forceps à la partie supérieure de l'excavation. Sommet en O. I. G. A. — Enfant vivant du sexe féminin, pesant 3,290 gr.

OBSERVATION IX (Pl. XXVI, fig. 9.)

Gertrude C..., 24 ans, primipare, est reçue au Pavillon le 24 mars 1877, à 10 h. du matin.

Dernières règles du 10 au 16 juin.

En travail depuis 5 h. du matin Présentation du sommet en O. I. G. A. Tête non engagée.

Hauteur du fond de l'utérus, 25 c.
Hauteur de l'ombilic, 18 c.

La surface d'auscultation est peu étendue. L'aire maximum se trouve à égale distance, 14 c., du pubis et du fond de l'utérus ; elle est à 12 c. de l'épine iliaque antéro-supérieure gauche.

Terminaison à 11 h. du soir en O. I. G. A. — Garçon pesant 4,320 gr.

OBSERVATION X. (Pl. XXVI, fig. 10.)

Clotilde B..., 21 ans, primipare. — Entrée le 19 février 1877, à 8 h. du matin, au Pavillon.

Dernières règles du 10 au 13 juin.

En travail depuis 4 h. du matin. Présentation du sommet en O. I. D. P. La tête, profondément engagée, est à 5 c. de la vulve.

Hauteur du fond de l'utérus, 25 c.
Hauteur de l'ombilic, 17 c.

La surface d'auscultation, à peu près circulaire, de 10 c. de diamètre, est à droite de la ligne médiane, entre l'ombilic et l'épine iliaque antéro-supérieure droite.

Les bruits cardiaques sont remarquablement forts et nets. L'aire maximum, située au centre de la surface d'auscultation, est à 10 c. au-dessus du pubis et à 17 c. du fond de l'utérus, un peu en arrière d'une ligne menée du point le plus saillant de l'extrémité pelvienne au front du fœtus. Après la rotation spontanée de la tête (Pl. XXVI, fig. 11), l'occiput répondant à la symphyse du pubis, les bruits du cœur sont perçus à gauche de la ligne médiane de l'utérus, et à la même distance que précédemment par rapport au pubis et au fond de l'utérus.

Terminaison en O. I. D. P. le 19 février, à 2 h. 45 du soir. — Fille pesant 3,140 gr.

OBSERVATION XI. (Pl. XXVII, fig. 12.)

Julie L..., 30 ans, primipare. — Entrée le 30 mars, à 11 h. du matin, au Pavillon.

Dernières règles du 10 au 15 juillet 1876.

Les premières douleurs ont été ressenties pendant la nuit. Présentation du sommet en O. I. D. P. Tête non engagée.

Hauteur du fond de l'utérus, 25 c.
Hauteur de l'ombilic, 15 c.

Surface d'auscultation de forme triangulaire à sommet inférieur ; cette surface triangulaire a 13 c. de largeur et 12 c. de hauteur. L'aire maximum, qui occupe le milieu du triangle, se trouve sur le trajet d'une ligne allant de l'ombilic à l'épine iliaque antéro-supérieure, plus rapprochée toutefois de l'ombilic que de l'épine. L'aire maximum est située à égale distance de la symphyse pelvienne et de l'utérus. Elle se trouve ainsi sur le trajet d'une ligne menée du front à la portion la plus saillante du siége du fœtus, et est à égale distance de l'un et de l'autre.

Terminaison à 10 h. 30 du soir en O. I. D. P., réduite. — Fille pesant 3,510 gr.

OBSERVATION XII. (Pl. XXVII, fig. 13.)

Jeanne L..., primipare, âgée de 22 ans — Entre à la Maternité le 14 février.

Dernières règles ignorées.

Paraît arrivée au terme de sa grossesse. Non en travail. Présentation du sommet en O. I. D. P. Tête un peu engagée. Front élevé.

Hauteur du fond de l'utérus, 26 c.
Hauteur de l'ombilic, 15 c.

Surface d'auscultation triangulaire à sommet inférieur, à base située à la hauteur de l'ombilic. Les dimensions de cette surface sont exprimées par les chiffres 10 c. et 15 c. Elle est située en avant, et à droite de la ligne médiane de l'utérus.

L'aire maximum, plus rapprochée de sa base, se trouve sur le trajet d'une ligne allant de l'ombilic à l'épine iliaque antéro-supérieure droite ; elle est à 13 c. du pubis, et à 14 c. 5 du fond de l'utérus.

Accouchement le 25 février en O. I. D P., réduite.

OBSERVATION XIII. (Pl. XXVII, fig. 14.)

Marthe B..., 22 ans, secondipare. — Admise au Pavillon le 16 février 1877, à 6 h. du matin.

Les dernières règles se sont montrées dans le cours du mois de mai.

Apparition des premières douleurs à minuit. Examinée à 8 h. du matin. Présentation du sommet en O. I. D. P. Tête non engagée.

Hauteur du fond de l'utérus, 36 c.
Hauteur de l'ombilic, 20 c.
Distance du front au siége du fœtus, 33 c.

Large surface d'auscultation à droite et à la hauteur de l'ombilic.

Les bruits cardiaques s'entendent dans une étendue de 15 c. dans le sens transversal, et de 11 c. dans le sens vertical.

L'aire maximum est au-dessus d'une ligne qui irait de la cicatrice ombilicale à l'épine iliaque antéro-supérieure droite. Elle est située sur le trajet d'une ligne menée du siége au front du fœtus, et se trouve à 16 c. du premier, et à 17 c. du second.

Terminaison à 10 h. 40 du matin en O. I. D. P., réduite. — Garçon pesant 3,320 gr.

OBSERVATION XIV. (Pl. XXVII, fig. 15.)

Marguerite C..., 19 ans, primipare. — Entrée à la Maternité le 13 mars 1877, à 7 h. 30 du matin.

Présentation du sommet en O. I. D. A. à 11 h. 30. La rotation a ramené l'occiput derrière l'éminence ilio-pectinée droite. La variété de position est donc à ce moment antérieure. Tête très-engagée.

Hauteur du fond de l'utérus, 31 c.
Hauteur de l'ombilic, 16 c.

La surface d'auscultation s'étend transversalement entre le pubis et l'ombilic, dans une étendue de 15 c.

L'aire moyenne, qui se trouve vers l'extrémité droite de la surface d'auscultation, est située un peu à droite de la ligne médiane de l'utérus, à 12 c. au-dessus du pubis, à 20 c. du fond de la matrice, et à 10 c. de l'épine iliaque antéro-supérieure droite.

Terminaison à midi 45. — Fille pesant 3,520 gr.

OBSERVATION XV. (Pl. XXVII, fig. 16.)

Marie G..., 24 ans, primipare. — Admise au Pavillon le 12 avril 1877, à midi.

Dernière époque menstruelle du 10 au 14 juillet.

Présentation du sommet en O. I. D. A. Tête très-engagée.

Hauteur du fond de l'utérus, 23 c.
Hauteur de l'ombilic, 19 c.

La surface d'auscultation, située en avant et à droite, a une étendue de 10 c. dans tous les sens. L'aire maximum est sur la ligne médiane de l'utérus, à 9 c. au-dessus du pubis, à 15 c. au-dessous du fond de l'utérus.

Terminaison en O. I. D. A. — Garçon de 3,150 gr.

OBSERVATION XVI. (Pl. XXVII, fig. 17.)

Zélie M.-B..., 35 ans, primipare. — Entrée le 13 mars 1877, à 9 h. du matin, au Pavillon.

Dernières règles du 24 au 30 mai.

Apparition des premières douleurs et rupture des membranes une demi-heure avant l'admission de la malade. Présentation de l'extrémité pelvienne (complète) en S. I. G. A. Le siége est au niveau du détroit supérieur.

Hauteur du fond de l'utérus, 28 c.
Hauteur de l'ombilic, 18 c.

Les bruits du cœur sont perçus entre le pubis et l'ombilic, sur la ligne médiane et de chaque côté de cette ligne, suivant une surface ovale longue de 10 c. et large de 8 c.

L'aire maximum se trouve sur la ligne médiane, à égale distance du fond de l'utérus et de la symphyse du pubis.

Terminaison : siége complet en S. I. G. A. — Enfant pesant 3,000 gr.

OBSERVATION XVII. (Pl. XXVI, fig. 18.)

Marie M..., 29 ans, secondipare. — Admise au Pavillon le 10 avril 1877, à 10 h. du matin.

En travail depuis 4 ou 5 heures du matin. Antéversion de l'utérus, dont le fond est, en outre, fortement incliné à gauche. Col effacé. Dilatation équivalente aux dimensions d'une pièce de 2 francs. A travers les membranes on sent le front, la racine du nez, qui occupent le centre de l'aire du détroit supérieur. La fontanelle antérieure est en arrière et à droite. La tête est accompagnée d'une main. Peu à peu la tête se fléchit, la fontanelle antérieure tend à se rapprocher du centre du bassin.

Présentation du sommet en O. I. D. P. Variété frontale.

Hauteur du fond de l'utérus, 30 c.
Hauteur de l'ombilic, 19 c.

Les bruits du cœur s'entendent à droite et au-dessus d'une ligne allant de l'épine iliaque antéro-supérieure à l'ombilic. La surface d'auscultation est plus étendue dans le sens vertical (où elle a 12 à 13 c.), que dans le sens transversal. L'aire maximum est à égale distance du bord supérieur de la symphyse pubienne et du fond de l'utérus. Elle est à 9 c. à droite de l'ombilic.

Terminaison en O. I. D. P., le 11 avril, à 7 h. du matin. — Fille de 3,430 gr.

OBSERVATION XVIII. (Pl. XXVII, fig. 19.)

G.... 24 ans, secondipare. — Admise à la Maternité le 6 avril 1877.

Fœtus placé transversalement, le dos en avant, le siége dans le flanc droit, la tête au niveau de la fosse iliaque gauche.

Hauteur du fond de l'utérus, 22 c.
Hauteur de l'ombilic, 16 c.

Les bruits du cœur sont entendus un peu au-dessous de l'ombilic, et à droite de la ligne médiane. Ils ne sont perçus que dans un espace restreint.

L'aire maximum est à 13 c. au-dessus du pubis, et à 8 c. au-dessous de l'utérus.

OBSERVATION XIX. (Pl. XXVII, fig. 20.)

Marie T..., 19 ans, primipare, est admise le 16 mars 1877 au Pavillon. Cette femme est arrivée près du terme de sa grossesse. Dernières règles du 13 au 23 juin. Le travail ne débute que le 19 mars.

On reconnaît par le palpe l'existence d'une grossesse gémellaire. L'extrémité pelvienne des deux fœtus est dirigée vers le fond de l'utérus. L'extrémité céphalique de l'un d'eux, déjà engagée, est au niveau du tiers supérieur de l'excavation. Celle de l'autre est dans la fosse iliaque droite.

Hauteur du fond de l'utérus, 32 à 33 c.
Hauteur de l'ombilic, 18 c.
Largeur du segment supérieur de l'utérus : 32 c.

Il existe deux foyers d'auscultation : l'un, situé dans la moitié inférieure de l'utérus, à gauche et en arrière d'une ligne qui irait de l'ombilic à l'épine iliaque antéro-supérieure gauche. L'aire maximum est à 15 ou 16 c. du pubis, à 22 c. du fond de l'utérus, et à 13 c. de la ligne médiane ; — l'autre foyer répond à la moitié supérieure de la matrice ; il est situé à droite de la ligne médiane. L'aire maximum est à 11 c. de cette ligne et à 16 c. du fond de l'utérus.

Le premier enfant se présenta en O. I. G. P., qui se réduisit spontanément pendant le travail. Le second, en O. I. D. P., qui se réduisit également.

Les observations qui précèdent confirment ce que nous avons dit de l'influence de l'engagement ou du non engagement de la partie qui se présente, sur la hauteur du point où les bruits cardiaques s'entendent avec leur summum d'intensité. L'auscultation n'eût pas suffi à elle seule pour faire diagnostiquer une présentation du siége ni une présentation du sommet dans les cas rapportés Obs. XVI, Pl. XXVII, fig. 17, et Obs. XIII, fig. 14, XVII, fig. 18.

L'auscultation aurait-elle pu faire reconnaître, en l'absence de tout autre moyen d'exploration, la situation du fœtus dans le cas de grossesse gémellaire cité dans l'observation XIX ? (Pl. XXVII, fig. 20.) Nous n'hésitons pas à répondre par la négative.

Quant aux différentes positions et à leurs variétés, nos observations nous ont montré que les bruits cardiaques du fœtus étaient transmis avec une intensité et une netteté maximum par la moitié latérale gauche de la poitrine du fœtus.

En effet, dans les positions occipito-iliaques gauches antérieures, nous avons entendu le maximum des bruits du cœur sur le trajet d'une ligne allant de l'épine iliaque antérieure et supérieure gauche à l'ombilic ou près de la cicatrice ombilicale. Le trajet de cette ligne ne répond pas à la colonne vertébrale, mais bien à cette région du dos du fœtus qui répond au cœur.

Par la même raison, dans les occipito-pubiennes, c'est un peu à gauche de la ligne médiane que nous avons entendu le mieux les bruits cardiaques.

Nous n'avons observé la variété O. I. G. P. que dans un cas de grossesse gémellaire. Les bruits perçus à gauche ou un peu en arrière d'une ligne allant de l'épine iliaque gauche à l'ombilic nous étaient transmis par le plan latéral droit du fœtus.

Lorsque l'occiput est tourné directement dans la concavité du sacrum, les bruits cardiaques ne peuvent être transmis à l'oreille que par l'un des plans latéraux. Nous avons rapporté (p. 19) le passage du mémoire de Dubois, où l'illustre professeur disait les avoir entendus dans ce cas *par le plan latéral gauche.*

Dans les positions droites, les résultats auxquels nous sommes arrivé sont d'accord avec ceux qu'ont obtenus MM. Carrière, Devilliers, Simpson.

« A droite, dit le premier de ces observateurs (1), dans la quatrième position, c'est *le côté gauche qui se trouve en avant,* et par conséquent les pulsations peuvent être entendues dans une étendue beaucoup plus grande et dans des points plus rapprochés de l'ombilic que cela n'a lieu pour la 5me. Dans quelques-uns de ces cas, je les ai même encore perçues à 2 ou 3 trois travers de doigt à gauche de la ligne blanche. J'ai pu observer, comme Hohl, le moment où s'opérait la réduction de la quatrième position en deuxième. »

M. Devilliers, de son côté, écrit que, dans les O. I. D. P., le point le plus accessible est *le plan latéral gauche* du fœtus.

« C'est là, c'est-à-dire au voisinage de l'épine iliaque antéro-supérieure, assez souvent même jusque dans la région iliaque, que l'on perçoit le plus souvent et le plus aisément le summum d'intensité. »

Simpson d'Edimbourg (2), cité par M. Devilliers, professe la même opinion : « Si le fœtus est dans la position occipito-postérieure, ou la face vers le pubis, les bruits du cœur seront entendus avec le plus de netteté en appliquant le stéthoscope sur la région iliaque de la mère. »

Nous avons trouvé, dans tous les cas d'O. I. D. P., l'aire maximum en avant, et à droite de la ligne médiane, sur le trajet d'une ligne menée de l'épine iliaque antérieure et supérieure ou même de l'éminence ilio-pectinée droites à l'ombilic. Les bruits cardiaques étaient donc transmis à l'oreille *par le plan latéral ou antéro-latéral gauche.*

L'aire maximum se trouvait sur la ligne médiane elle-même dans l'observation XV, relative à une présentation en O. I. D. A.

Dans les deux variétés des occipito-iliaques droites, les bruits du cœur nous ont toujours frappé par leur netteté et le caractère spécial de leur timbre.

Les rapports du plan latéral gauche du fœtus avec la paroi utérine dans les présentations du siége sont tels dans les positions gauches, que c'est lui qui se présente le plus naturellement sous le stéthoscope. Dans les sacro-iliaques droites, au contraire, le stéthoscope a plus de facilité à arriver sur le plan latéral droit ou le plan dorsal que sur le plan latéral gauche.

L'observation XVI, relative à une S. I. G. A., montre que les bruits cardiaques s'entendaient avec leur maximum d'intensité sur la ligne médiane, ce qui revient à dire qu'ils étaient transmis par le plan latéral gauche.

Nous ne pouvons fournir d'observation personnelle relativement aux présentations de la face. L'attitude du fœtus dans ces présentations est telle, qu'il est plus facile de mettre le stéthoscope en rapport avec le plan antérieur qu'avec le plan postérieur du fœtus. Nous ne sommes pas seul à admettre cette opinion.

M. Devilliers, contrairement à M. le professeur Depaul, pense « que le summum d'intensité des bruits du cœur fœtal se trouve, dans ce dernier cas, plus rapproché du côté qui regarde le menton que de celui qui regarde l'occiput du fœtus. » Il cite à ce propos Martin (d'Iéna), qui, dans le *Monatschrift für Geburtskunde,* 1865, N° 3, dit : « Une exception très-intéressante à cette règle (l'audition la plus distincte des bruits du cœur fœtal à l'endroit où la partie gauche du dos correspond plus directement à la paroi de l'utérus) se rencontre dans la présentation de la face ; l'occiput renversé sur la nuque écarte considérablement la paroi utérine du dos du fœtus, alors que le cœur est entendu du côté de la mère correspondant à la partie antérieure du thorax de l'enfant. »

Enfin, nous trouvons dans la thèse inaugurale de notre ami M. le Dr Budin (3) une observation (Obs. LXIV), relative à une présentation de la face en M. I. G. T., et qui vient à l'appui de ce qui précède : « A l'auscultation on entendait les battements du cœur à droite, mais ils étaient très-sourds ; à gauche, au contraire, on les percevait très-nettement par la *région antérieure* du fœtus. »

(1) Thèse cit.
(2) On head presentations.
(3) De la Tête du fœtus au point de vue de l'obstétrique. — Paris, 1876.

TROISIÈME PARTIE

CHAPITRE I

Des effets de la torsion du cou du fœtus, portée à 180° sur le rachis et la moelle.

L'extraction artificielle de la tête fœtale, dans les positions occipito-postérieures directes, peut se faire suivant deux méthodes différentes.

Dans l'une, l'accoucheur, se bornant à faire exécuter à la tête les mouvements qu'elle eût exécutés si l'accouchement s'était fait spontanément, abaisse l'occiput jusque sur le plancher périnéal, et le dégage le premier au-devant de la commissure postérieure de la vulve.

Dans l'autre, l'homme de l'art, voulant réparer les effets d'une anomalie du troisième temps, s'efforce de ramener l'occiput en avant jusque sous l'arcade pubienne, au moyen d'un mouvement de rotation sur son axe imprimé au forceps.

La terminaison de l'accouchement par la première méthode, très-laborieuse, n'est pas sans danger pour la mère, dont le plancher périnéal est très-menacé, ni pour l'enfant, dont la vie souvent est compromise.

La seconde méthode, d'une application facile, ne présente pas les mêmes désavantages. Elle fut décrite et mise à exécution pour la première fois par Smellie (1). La précision des indications données par l'illustre accoucheur anglais, autant que l'importance de ses conseils, nous engage à reproduire ici la page entière qu'il a consacrée à l'étude de ce point intéressant de la pratique :

« Article iii. *Lorsque le front se trouve contre l'os publis.* — Lorsque le front est tourné contre l'os *pubis*, au lieu d'être tourné vers l'os sacrum, il faut mettre la femme dans la même position que dans le cas précédent, [p. 279 .... Il faut faire coucher la femme sur le dos, la faire placer la tête et les épaules un peu élevées, et les fesses avancées sur le côté ou sur les pieds du lit, etc....], parce qu'en ce cas-ci, les oreilles de l'enfant sont encore tournées vers les côtés du bassin ou situées un peu diagonalement, pourvu que le front soit vers une des aines. Lorsque l'on a introduit les branches des forceps le long des oreilles, ou du moins aussi près d'elles qu'il est possible, selon les règles que nous avons données ci-dessus, il faut repousser un peu la tête et tourner le front vers un des côtés du bassin ; dans cette posture, il faut l'attirer en bas, jusqu'à ce que le col se trouve à la partie inférieure de l'*ischium ;* on retourne ensuite le front en arrière dans la concavité de l'os *sacrum*, et même d'un quart ou davantage du côté opposé, pour empêcher que les épaules ne s'arrêtent à la partie supérieure du pubis ou de l'os *sacrum*, de manière qu'elles puissent être encore vers les côtés du bassin ; on lui rend ensuite le quart de tour, et, après avoir remis le front dans la concavité de l'*os sacrum*, on peut faire l'extraction de la tête comme il a été dit ci-dessus. Lorsque l'on fait ces différents tours, il faut tantôt repousser la tête, et tantôt l'abaisser, selon qu'elle trouve moins de résistance. En ce cas, lorsque la tête est petite, elle vient dans la situation où elle se présente ; mais quand elle est grosse, le menton se trouve si étroitement comprimé contre la poitrine, qu'il n'est pas possible de la dégager en lui faisant faire un demi-tour, et que l'on court risque de déchirer les parties basses de la femme si l'on entreprend d'en faire l'extraction. »

La même manœuvre est recommandée par Smellie pour la réduction des mento-postérieures : « .... Lorsque le menton (2) se trouve du côté de l'os *sacrum*, que le col est si serré en arrière entre les épaules qu'on ne peut dégager la face de dessous les os pubis, il faut repousser avec sa main la tête vers la partie supérieure du bassin, introduire les forceps et les appliquer sur les oreilles, tourner le derrière de la tête vers un des côtés du bassin, porter le menton au côté opposé, et, s'il y a moyen, à la partie inférieure de l'*ischium*. Il faut ensuite amener le derrière de la tête dans la cavité de l'os *sacrum* et le menton au-dessous des os pubis, et délivrer la femme comme nous l'avons indiqué ci-dessus. »

(1) Traité de la Théorie et Pratique des Accouchements, traduction de Préville. Paris, 1771. T. I, p. 287.

(2) P. 295.

La crainte qu'un mouvement de rotation aussi étendu, exécuté pendant que le tronc du fœtus est immobilisé par l'utérus, ne produise une torsion du cou et n'amène du côté de la moelle des désordres assez graves pour compromettre l'existence de l'enfant, a conduit Puzos, Levret, Deleurye, A. Petit, Astruc, Solayrès, Baudelocque, Herbiniaux, Saxtorph, Stein, Weidman, Capuron, Lachapelle, Moreau, Nœgele, Kilian, Hohl, Hecker, Chailly, Cazeaux, à repousser la manœuvre de Smellie. Cazeaux en avait obtenu cependant de bons résultats.

P. Dubois et Danyau la remirent en honneur, et Dubois chercha par des expériences à la justifier des reproches qui lui étaient adressés. Toutefois ces deux accoucheurs n'osèrent pas en généraliser l'emploi.

M. Jacquemier suivit l'exemple de Dubois ; mais, malgré ses expériences et ses recherches anatomiques, qui lui montrent qu'il n'existe « ni déchirure ni luxation soit dans l'articulation atloïdo-axoïdienne, soit dans les articulations voisines, » et que « la moelle allongée ne porte aucune trace de lésion (1), » cet auteur ne se croit pas autorisé à en conclure qu'elle n'ait point éprouvé de tractions ou subi de compressions dangereuses. Aussi donne-t-il le conseil suivant : « Lorsque l'occiput, après avoir été tourné de côté ou même un peu avant, tend à reprendre sa place sous l'influence des douleurs, c'est une preuve que le tronc reste immobile, et c'est une raison suffisante pour ne pas insister, d'autant mieux qu'on peut entraîner la tête en la laissant dans sa situation primitive (2). »

Les élèves et les successeurs de Dubois, MM. Depaul, A. Blot, Joulin, Bailly, adoptèrent, au contraire, comme règle générale la manœuvre de Smellie.

En 1864, notre excellent et bien cher maître M. Tarnier soutenait la même doctrine dans l'Atlas complémentaire de tous les Traités d'accouchement.

Elle trouva dans les professeurs Stoltz et Pajot, dans Grenser, Hernyaux, Chassagny (de Lyon), Villeneuve (de Marseille), des adversaires résolus.

Ce dernier pense (3), en effet, qu'en dehors de conditions exceptionnelles (eaux encore abondantes, fœtus relativement petit, bassin large, etc.), la rotation faite au moyen du forceps dans l'étendue de la moitié de la circonférence du bassin, sera *constamment* funeste à l'enfant.

« ..... Il est parfaitement établi, à mon avis, dit-il, que s'il est des cas *rares* où l'on peut ramener l'occiput en avant et extraire un enfant vivant (ce qui n'est qu'une exception), il existe un plus grand nombre de cas où cet excès de rotation, imprimée par le forceps, *donnerait* infailliblement lieu à la luxation de l'articulation atloïdo-axoïdienne, et, partant, à la mort de l'enfant. »

M. Tarnier a, pour la seconde fois, répondu à ces reproches « plus théoriques que vrais, » en leur opposant des arguments de plusieurs ordres (4) :

« D'abord il n'est pas démontré qu'en imprimant à la tête du fœtus plus d'un quart de rotation, on produira des lésions graves sur le rachis ; les observations où pareil accident se serait produit font défaut.

« Il résulte, en outre, de nombreuses expériences que j'ai faites sur des cadavres d'enfants nouveau-nés, que, lorsqu'on fait exécuter à la tête une rotation d'un demi-cercle, et qu'on ramène le menton au niveau du dos, et par conséquent l'occiput au niveau du sternum, tout en maintenant les épaules immobiles, ce mouvement ne se passe pas seulement dans l'articulation atloïdo-axoïdienne, mais *dans toute la longueur de la région cervicale et d'une partie de la région dorsale,* dont les vertèbres se tordent en spirale.

« Cette expérience ne peut se faire qu'en déployant une grande force pour faire exécuter à la tête une rotation aussi étendue, et néanmoins *une dissection minutieuse ne m'a révélé aucune lésion appréciable dans le rachis ou dans la moelle épinière.*

« Mais, dira-t-on, si les vertèbres se tordent, le canal rachidien doit s'aplatir et comprimer la moelle épinière.

(1) Jacquemier. Manuel des Acc. et des Mal. des femmes grosses et accouchées. Paris, 1846, T. I, p. 298.

(2) Jacquemier, T. II, p. 65.

(3) Gaz. Méd. 1868, p. 4.

(4) Nouveau Dict. de Méd. et de Chir. pratiques, T. XV, p. 383. Paris, 1872.

« Pour aller au-devant de cette objection, j'ai institué d'autres expériences, dans lesquelles je substituai à la moelle épinière une colonne liquide qui pouvait refluer dans un tube de verre placé à l'extérieur. Toute compression du canal rachidien faisait monter le liquide dans le tube; *or, en faisant exécuter à la tête une demi-rotation, le liquide restait immobile*. Comme contre-épreuve, je fléchissais très-fortement la tête, *et le liquide refluait aussitôt dans le tube*.

« J'avoue que je ne m'attendais pas à ce dernier résultat; mais il m'a convaincu que la rotation exagérée expose moins à la compression de la moelle épinière, qu'une flexion aussi considérable que celle que l'on est obligé de produire pour dégager l'occiput en arrière, dans la position occipito-postérieure. Il est bien entendu que, dans cette comparaison, je n'ai en vue que *la compression proprement dite du canal rachidien*.

« D'autre part, ne voit-on pas chaque jour, dans l'accouchement naturel, la rotation de la tête entraîner avec elle la rotation du tronc, qui tourne dans la cavité utérine, pendant que la tête tourne dans l'excavation? La rotation de la tête est quelquefois si facile que j'ai réussi à la produire artificiellement avec un ou deux doigts, avec lesquels je repoussais le front en arrière; le professeur Hyernaux (de Bruxelles) cite quelques faits du même genre qui lui sont personnels.

« La plupart des accoucheurs belges conseillent d'employer le levier pour repousser le front en arrière; ils ne craignent pas de produire la rotation artificielle de la tête avec cet instrument, et, par une singulière contradiction, ils repoussent l'emploi du forceps.

« Tous les accoucheurs savent, du reste, que l'introduction d'une seule branche du forceps suffit quelquefois pour ébranler la tête et la faire tourner dans l'excavation. »

Nous avons vu que M. le Dr Villeneuve n'avait pu citer un seul fait clinique démontrant le danger de la torsion du cou.

Les preuves cliniques de l'innocuité de la rotation de la tête, déterminée à l'aide du forceps, ne manquent pas.

La thèse du Dr Chantereau (1) renferme treize observations, qui ont pour auteurs MM. Depaul, Tarnier, Bailly, Charpentier, Lechat.

Un seul enfant succomba. Mais le travail très-prolongé, le rétrécissement du bassin évalué à 9 c., le volume de l'enfant qui pesait 3 k. 850 gr., sont des conditions plus que suffisantes pour expliquer la mort dans ce cas.

Nous devons à notre ami, le Dr Budin, la relation d'un fait extrêmement intéressant, en ce qu'il démontre que, dans un accouchement spontané, la tête de l'enfant peut exécuter brusquement, et cependant sans danger, un mouvement de rotation étendu, alors que le tronc, immobilisé par l'utérus, conserve sa situation primitive.

ROTATION DE LA TÊTE. — TORSION DU COU.

Observation recueillie par M. le Dr BUDIN.

Le 18 octobre 1875, à 8 heures 15 du matin, j'entrai à la salle d'accouchement de la Maternité, où se trouvaient plusieurs femmes en travail. La première que j'examinai, la nommée G., était âgée de 23 ans, enceinte pour la seconde fois. Au milieu de la nuit, à 1 heure du matin, elle avait été réveillée par l'écoulement d'une certaine quantité de liquide amniotique, et, depuis, elle n'avait cessé d'avoir des douleurs; ces douleurs se succédaient à intervalles assez rapprochés.

En l'examinant par le palper, je trouvai que la tête plongeait dans l'excavation; le siége était en haut, le dos était tourné à droite et en arrière; en avant, on sentait un grand nombre de parties fœtales, petites et mobiles, c'étaient les membres.

A l'auscultation, j'entendis le maximum des bruits du cœur fœtal à droite et en arrière. Au toucher, je trouvai l'orifice utérin présentant un diamètre moins grand que celui de la paume de la main; la suture sagittale était placée suivant le diamètre oblique gauche du bassin; on sentait en arrière et à droite la pointe de l'occipital. Il y avait donc une présentation du sommet en O. I. D. P.

L'élève chargée de l'accouchement m'assura que les douleurs reparaissaient, très-régulières et très-intenses, toutes les quatre ou cinq minutes.

J'avais quitté cette femme pour aller en examiner une autre, lorsqu'au bout de quelques instants on m'appela : « Venez, venez vite; la femme accouche. » En effet, à mon grand étonnement, je vis que la tête faisait saillie sous la symphyse pubienne. Je touchai et je constatai en ce point la présence de l'occiput. Ainsi la dilatation du col s'était achevée, la tête était descendue et avait exécuté son mouvement de rotation avec une rapidité extrême. Dès que la douleur fut passée, que les parois abdominales furent devenues plus souples, je pratiquai de nouveau le palper : les membres du fœtus étaient toujours en rapport avec la paroi abdominale antérieure; le dos était resté en arrière. — Une nouvelle douleur survint, la tête se dégagea complétement suivant ses diamètres sous-occipitaux; la région sous-occipitale prenant un point d'appui sur le bord inférieur de la symphyse pubienne Mais à peine la tête était-elle sortie, qu'elle tourna du côté droit, décrivit brus-

(1) Thèse inaugurale. Paris, 1869.

quement d'avant en arrière un demi-cercle complet, vint se mettre en rapport avec la région anale de la mère, et demeura dans cette situation.

Quelques minutes plus tard, une nouvelle douleur arrivait; l'occiput tournant comme une toupie, toujours du côté droit, accomplit d'abord d'arrière en avant un grand arc de cercle qui le plaça en position oblique antérieure; puis un nouveau mouvement, beaucoup plus restreint, en sens opposé, c'est-à-dire d'avant en arrière, qui le mit transversalement en rapport direct avec la cuisse droite, alors que l'épaule gauche venait se placer sous la symphyse pubienne. Deux minutes après, une nouvelle contraction survint, les épaules se dégagèrent et le tronc sortit.

Evidemment, dans ce cas, la tête arrêtée sur le plancher périnéal avait exécuté un mouvement de rotation qui avait ramené l'occiput sous la symphyse pubienne, mouvement de rotation qui n'avait pas entraîné un mouvement analogue du tronc, puisque d'une part on sentait encore par le palper les membres du fœtus dirigés en avant, et que, d'autre part, la tête étant sortie des parties génitales et devenue libre, l'occiput, à la suite d'un véritable mouvement de détorsion, était allé se placer directement en arrière, en rapport avec la région anale de la mère.

Le nouveau mouvement qui avait ensuite ramené l'occiput en rapport avec la cuisse droite, avait été consécutif à la rotation du tronc, l'épaule gauche étant venue s'engager sous la symphyse pubienne.

Du reste, je liai et sectionnai le cordon ombilical, j'essuyai et enlevai l'enfant.

En l'examinant, je vis que la tête était très-mobile, et qu'il était très-facile de lui imprimer un mouvement de rotation si étendu que la face dirigée en arrière avait son menton presque sur la même ligne que la colonne vertébrale.

Ce mouvement fut exécuté lentement et à plusieurs reprises, à la grande frayeur des élèves sages-femmes, étonnées de me voir ainsi tordre le cou de cet enfant.

Quant à ce dernier, il n'éprouvait sans doute ni gêne ni douleur, car il respirait librement et ne poussait aucun cri. Il était, du reste, bien conformé, d'un volume normal et pesait 3 k. 200 gr. Lorsqu'il fut emporté en nourrice, cinq jours après, il était en excellent état de santé.

Les résultats fournis par les expériences si ingénieuses et si probantes de notre maître n'ont besoin d'aucune confirmation; nous avons pensé qu'il pourrait être cependant de quelque intérêt de fixer sur le papier l'état de la colonne vertébrale, en examinant les coupes faites sur un fœtus congelé, dans une attitude telle que son menton répondît au dos, et son occiput au sternum.

Sur un premier fœtus, nous avons pratiqué six coupes horizontales. La première, passant au niveau du bord alvéolaire de la mâchoire supérieure, intérosse le bulbe; la seconde, passe par la 3e vertèbre cervicale; la troisième, intéresse la 6e. La 1re vertèbre dorsale a été rencontrée par la scie dans la 4e coupe. La 5e section passe entre la 3e et la 4e vertèbre du dos.

Enfin la dernière coupe tombe sur la 7e vertèbre dorsale.

Ces coupes sont représentées dans les figures de la planche XXVIII.

Un second fœtus a été scié verticalement en suivant la ligne médiane antéro-postérieure (Pl. XXIX).

L'étude de ces figures nous montre, ainsi que l'avait déjà vu M. Tarnier, que la torsion du cou se répartit sur toute l'étendue de la colonne cervicale et les 6 à 7 premières vertèbres dorsales.

Loin de se passer exclusivement ou principalement au niveau de l'articulation atloïdo-axoïdienne, la torsion n'est pas plus accusée pour les premières vertèbres cervicales que pour les dernières.

L'axe antéro-postérieur de la 3e vertèbre cervicale (Pl. XXVIII, fig. 2) fait avec la ligne de sa direction normale un angle de 42° environ.

Telle est la mesure de la déviation qu'ont eu à subir les articulations atloïdo-axoïdienne, et celle de l'axis avec la 3e cervicale.

La fig. 3 nous fait voir que l'axe de la 6e vertèbre cervicale fait avec la ligne médiane du corps un angle de 90°.

Au niveau de la 1re dorsale, cet angle est de 140°. Au niveau de la 3e ou 4e vertèbre du dos, il est de 150°. Enfin sur la dernière coupe, l'axe antéro-postérieure de la 7e vertèbre dorsale se confond avec la ligne médiane du corps. En d'autres termes, à ce niveau seulement s'arrête le mouvement de torsion subi par la colonne vertébrale.

La coupe verticale représentée Pl. XXIX, a rencontré le trou de conjugaison du côté droit, intermédiaire à la 7e vertèbre cervicale et à la 1re dorsale, et découvre le nerf rachidien qui le traverse : nouvelle démonstration de ce fait, qu'au niveau de la terminaison de la colonne cervicale, la torsion du rachis est égale à un angle droit.

En aucun point, nous n'avons vu de déformation, d'aplatissement du canal rachidien.

La moelle occupe le centre de ce canal; elle n'est donc exposée à aucune compression, mais elle subit *une torsion sur son axe* parallèle à celle que subissent les vertèbres.

Les scissures antérieure et postérieure décrivaient, sur les fig. 2 et 3 de la Pl. XXVIII, un arc de cercle très-appréciable; cela n'existait pas sur les coupes suivantes.

Le mécanisme de cette torsion est facile à comprendre : les nerfs rachidiens sont, par le fait de leur passage à travers les trous de conjugaison, rendus solidaires des déplacements des vertèbres, et entraînent à leur tour la moelle épinière dans ce mouvement de torsion.

CHAPITRE II

Des modifications que subissent les articulations des membres soumis à des tractions énergiques.

Dans la thèse si remarquable présentée par M. le professeur Pajot, au concours d'agrégation de 1853, se trouvent relatées un grand nombre d'expériences destinées à étudier « la résistance mécanique des diverses parties du fœtus. »

Un certain nombre d'entre elles ont trait aux lésions des membres produites par des tractions portées parfois jusqu'à 60 kilogrammes.

Le résultat constant de ces expériences est celui-ci : les articulations résistent bien plus que le cartilage inter-épiphyso-diaphysaire, au niveau duquel le squelette cède toujours lorsqu'il n'est apporté, par une dissection préalable des parties molles périarticulaires, aucune modification dans les conditions de résistance des articulations.

Notre bien cher maître, M. Tarnier, nous a donné l'idée de rechercher quelles modifications apportaient des tractions moins considérables sur l'état des grandes articulations des membres.

Nous avons, dans ce but, examiné les articulations de l'épaule, du coude, du poignet; celles de la hanche, du genou, enfin l'articulation tibio-tarsienne.

Les membres d'un côté étaient soumis à une traction de 30 kilogrammes; ceux du côté opposé étaient laissés à eux-mêmes. Après la congélation, nous pratiquions une coupe longitudinale symétrique sur les uns et les autres (Pl. XXX).

Nous avons vu, en opérant ainsi, que les surfaces articulaires subissaient un écartement plus ou moins marqué et qui varie pour chacune d'elles.

Les articulations du membre supérieur (fig. 2) cèdent plus que celles du membre inférieur (fig. 4 et fig. 6).

L'articulation scapulo-humérale est, de toutes, celle qui, sans rupture ligamenteuse, permet le plus grand écartement des surfaces articulaires. Les articulations du coude, du poignet, offrent une résistance à peu près égale. Du côté du membre inférieur, tandis que les articulations coxo-fémorale et tibio-tarsienne se laissent allonger d'une façon sensible, l'articulation du genou résiste d'une manière presque absolue. En comparant entre elles les fig. 3 et 4, 5 et 6, on voit qu'il n'existe qu'une différence insignifiante entre les articulations soumises à une traction de 30 kilog. et celles qui n'en ont eu aucune à subir.

Cette articulation est donc, de toutes les articulations des membres, la plus résistante.

C'est ce qu'avait déjà remarqué M. le professeur Pajot, dans sa 12e expérience.

DOUZIÈME EXPÉRIENCE

2° Je divisai les parties molles qui entourent l'articulation de la hanche, en ne respectant que les tissus ligamenteux. Je fixai le bassin comme dans l'expérience précédente, et j'exerçai sur le fémur des tractions verticales.

La capsule articulaire ne céda que lorsque j'eus produit une traction exprimée par une force de 16 kilogrammes.

Le ligament rond s'était séparé à son point d'insertion sur la tête du fémur.

3° Je disséquai l'articulation des genoux de manière à ne laisser que les tissus blancs ligamenteux, et je soumis le membre inférieur à des tractions exercées en sens inverse sur l'articulation fémoro-tibiale. Je produisis une traction de 14, puis de 16 kilog. et demi. *L'épiphyse supérieure se sépara la première, quoique l'articulation des genoux se trouvât ouverte en avant* par suite de la section du triceps.

Les parties molles périarticulaires sont, surtout dans les points où l'enveloppe ligamenteuse est moins résistante, attirées vers l'intérieur de l'article, où elles tendent à combler le vide produit par l'écoulement des surfaces articulaires.

Ces quelques recherches, que nous avons entreprises, nous paraissent propres à montrer combien peu fondées sont les accusations de trausmatisme formulées contre l'accoucheur, lorsqu'une luxation congénitale existe chez un enfant dont le dégagement du tronc a nécessité sur les membres des tractions manuelles énergiques.

FIN

SIGNES & ABRÉVIATIONS COMMUNS A TOUTES LES FIGURES

A. Angle sacro-vertébral.
Ao. Aorte.
Ax. Appendice aphoïde.
B. Bronches.
C. Cœur.
C_1, C_2, C_3, etc.... 1re, 2e 3e, etc... vertèbre cervicale.
Ca_1, Ca_2, Ca_3. 1er, 2e, 3e cartilages intercostaux.
Ca. Canal artériel.
Cd. Colon descendant.
Ct. Colon transverse.
Ct_1, Ct_2, Ct_3, etc.... 1re, 2e, 3e, etc.... côte.
Cs. Capsule surrénale.
D. Diaphragme.
D_1, D_2, D_3, etc..... 1re, 2e, 3e, etc..... vertèbre dorsale.
E. Estomac.
F. Foie.
Fe. Fémur.
Gm. Glande mammaire.
H. Humérus.
I. Intestin.
Mi. Maxillaire inférieur.
O. Omoplate.
Od. Oreillette droite.
Oi. Os iliaque.
P. Poumon.
Pc. Péricarde.
Ps. Muscle psoas.
Q. Queue de cheval.
R. Rein.
Ra. Rate.
Re. Rectum.
S. Sternum.— S_1, S_2, S_3, etc... 1re, 2e, 3e, etc... pièce du sternum.
Sa_1. 1re pièce du sacrum.
Sp Symphysepubium.
T. Trachée.
Ti Thymus.
U. Utérus.
Ur. Urèthre.
V. Vessie.
Vci. Veine cave inférieure.
Vcs. Veine cave supérieure.
Vd. Ventricule droit.
Vg. Ventricule gauche.
Vj. Veine jugulaire interne.
Vp. Voûte palatine.

TABLE DES PLANCHES

PLANCHE XV. Coupe verticale transversale du tronc d'un enfant mort-né, non insufflé, passant par la ligne mammaire.

PLANCHE XVI. Coupe du même enfant au niveau du bord antérieur du creux axillaire.

PLANCHE XVII. Coupe du même enfant un peu en avant du bord postérieur de l'aisselle.

PLANCHE XVIII. Coupe verticale transversale du tronc d'un enfant qui a vécu 2 jours, au niveau de la ligne mammaire.

PLANCHE XIX. Coupe du même enfant au niveau du bord postérieur du creux axillaire.

PLANCHE XX. Coupe transversale pratiquée obliquement, de la 1re vertèbre dorsale à l'ombilic, chez un enfant mort-né, non insufflé.

PLANCHE XXI. Enfant mort-né, insufflé. Pelotonné. Coupe à 2 c. à gauche de la ligne médiane.

PLANCHE XXII. Coupe verticale antéro-postérieure sur la ligne médiane d'un fœtus dont la tête a été placée dans un certain degré d'extension.

PLANCHE XXIII. Enfant pelotonné. Attitude de la présentation de la face. Coupe verticale antéro-postérieure sur la ligne médiane.

PLANCHE XXIV. Enfant pelotonné. Dessin schématique. La situation du cœur au niveau d'une coupe pratiquée à 1 c. en dehors et à gauche de la ligne médiane a été indiquée exactement.

PLANCHE XXV. Enfant placé dans l'attitude d'une présentation de l'épaule. Coupe transversale.

PLANCHE XXVI. Figures schématiques représentant la situation de la surface d'auscultation et de l'aire maximum dans les positions O. I. G. A., O. P. U. B., O. I. D. P.

PLANCHE XXVII (Suite). Positions O. I. D. P., O. I. D. A., S. I. G. P.; Transversale.

PLANCHE XXVIII. Coupes horizontales du cou et de la partie supérieure du thorax chez un enfant dont le cou a subi une torsion de 180°. — *Fig. 1.* 1. Coupe de l'occipital; 2. Coupe du bulbe; 3. Sinus caverneux; 4. Rocher; 5. Voûte palatine. — *Fig. 2.* 1. Larynx; 2. Langue. — *Fig. 4.* 1. 6e vertèbre cervicale; 2. Œsophage; 3. Trachée; D_1. 1re vertèbre dorsale. — *Fig. 5.* 1. Cartilage intervertébral intermédiaire aux 3e et 4e vertèbres dorsales; 2. Humérus; 3. Poumon; 4. Thymus. — *Fig. 7.* D_7. 7e vertèbre dorsale.

PLANCHE XXIX. Coupe verticale antéro-postérieure sur la ligne médiane chez un fœtus dont le cou a subi une torsion de 180°. — 1. 8e paire cervicale.

PLANCHE XXX. Coupes longitudinales faites sur les membres supérieurs et inférieurs. — *Fig. 1, Fig. 3, Fig. 5.* Coupes de membres non soumis à des tractions. — *Fig. 2, Fig. 4, Fig. 6.* Coupes faites sur les membres soumis à des tractions de 30 kilos.

ERRATUM

Page 24, Obs. III : Pl. XXVI, fig. 4, au lieu de fig. 3.

Vendôme. Typ. Lemercier & Fils.

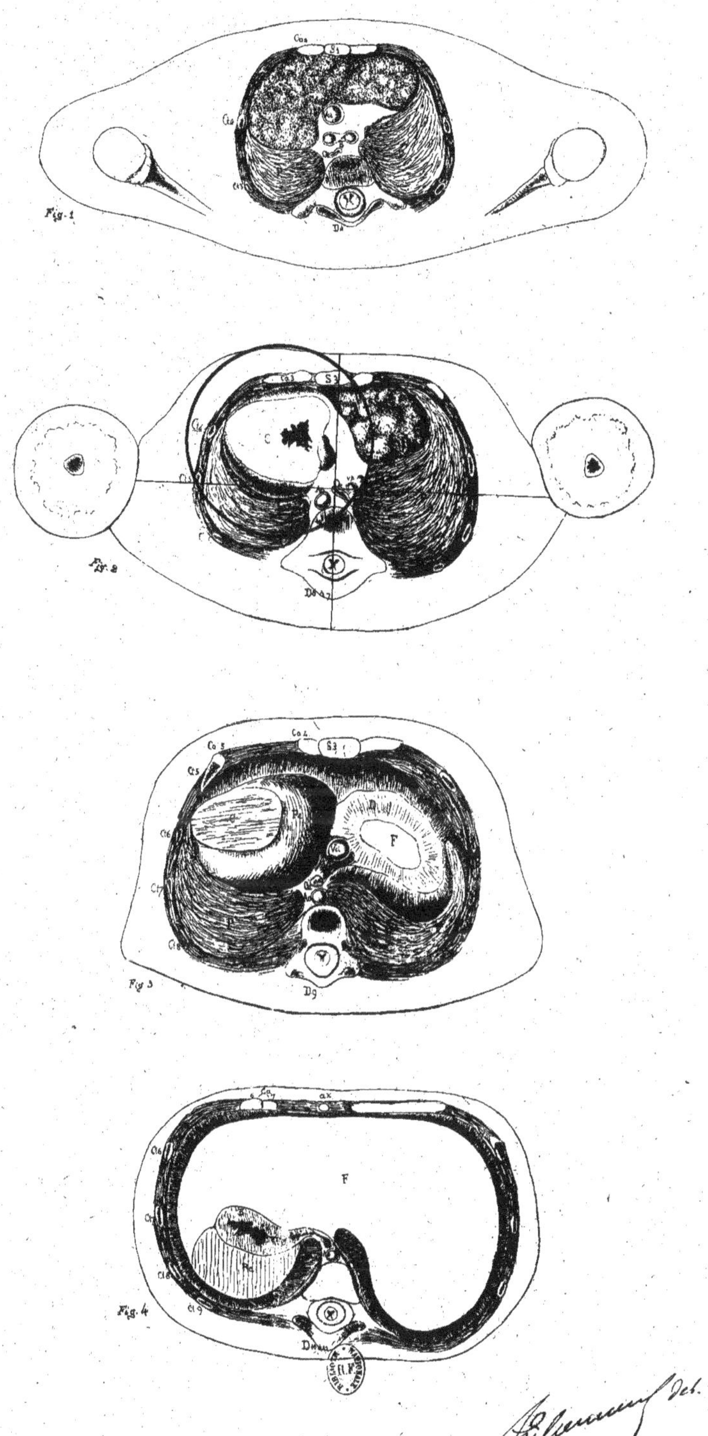

Photolithoglyptie Partois, à Vendôme.

Del. et Sc.

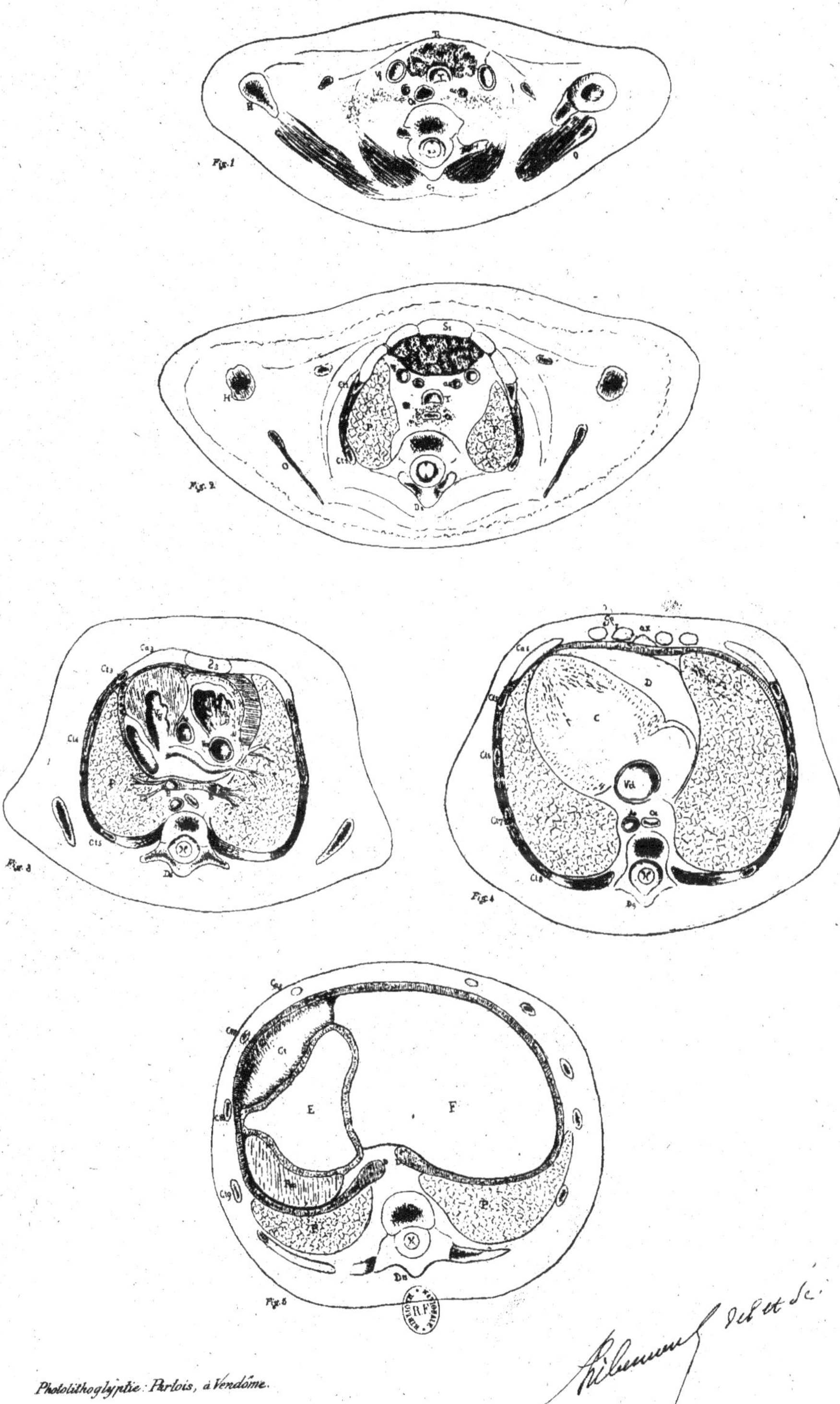

Photolithoglyptie. Parlois, à Vendôme.

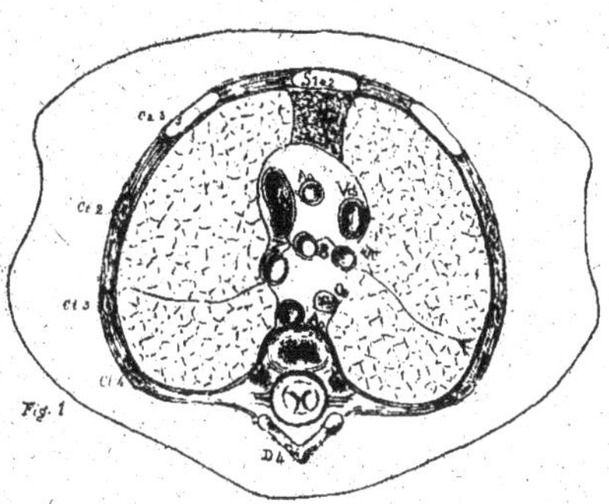

Fig. 1

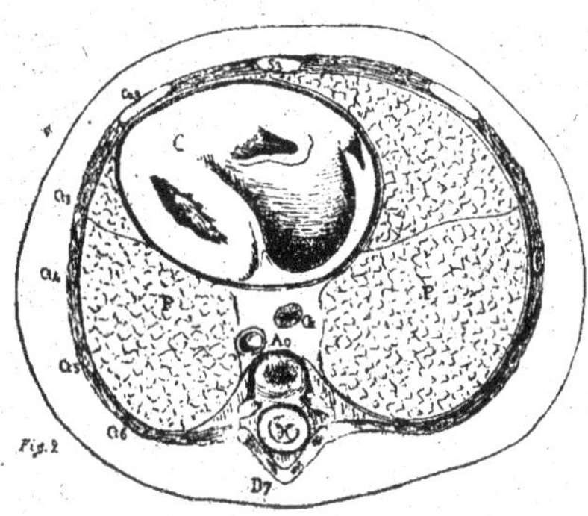

Fig. 2

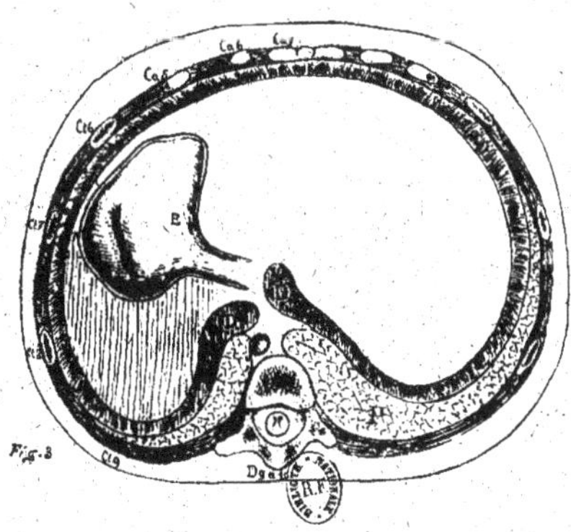

Fig. 3

Ribemont del. et sc.

Photolithoglyptie: Parlois, à Vendôme.

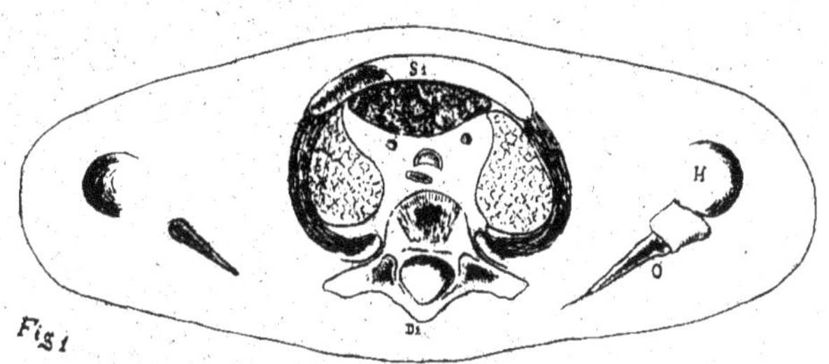

Fig 1

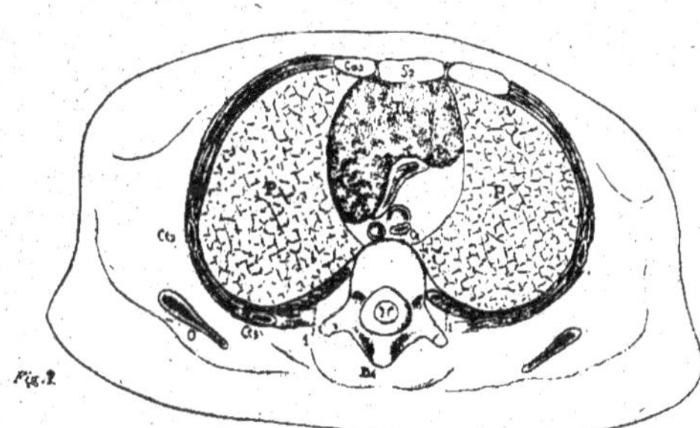

Fig. 2

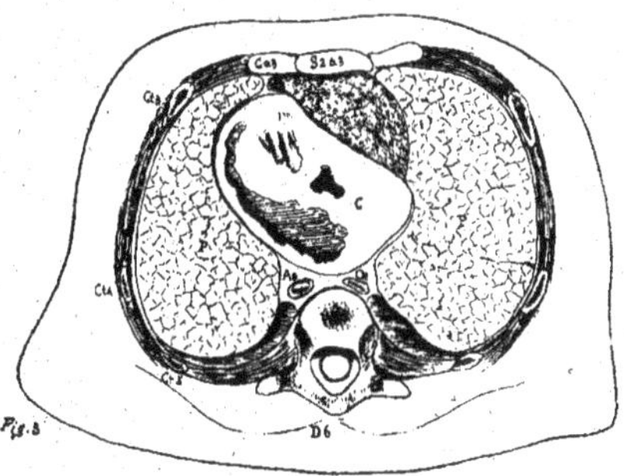

Fig. 3

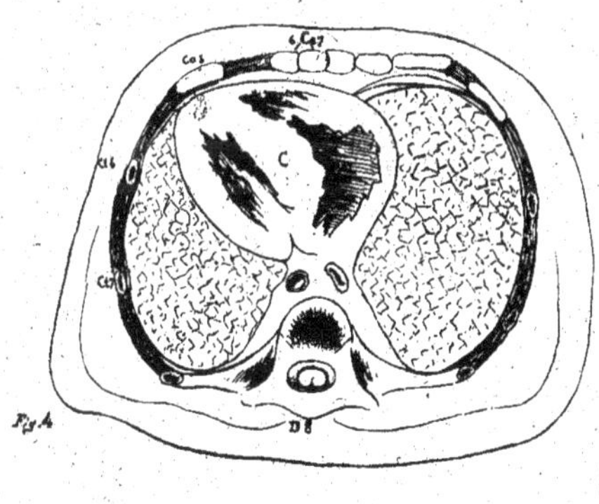

Fig. 4

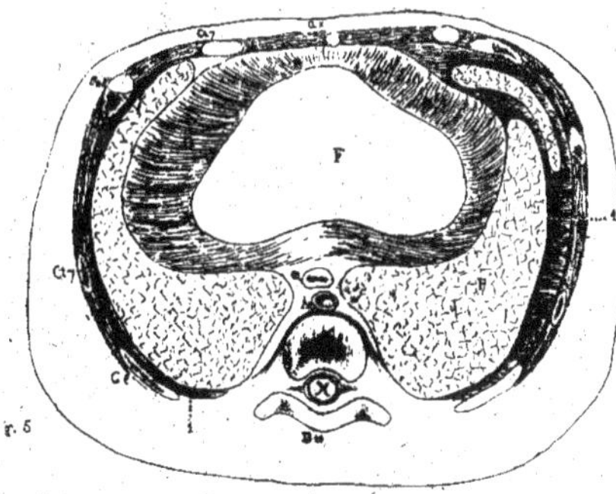

Fig. 5

Photolithoglyptie: Partois, à Vendôme.

Del. et Sc.

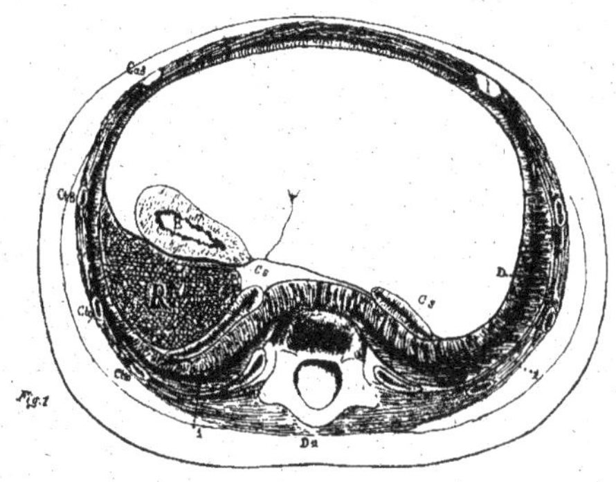
Fig. 1

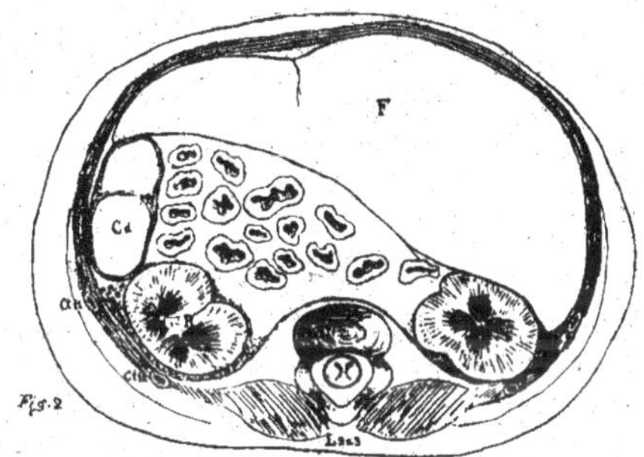
Fig. 2

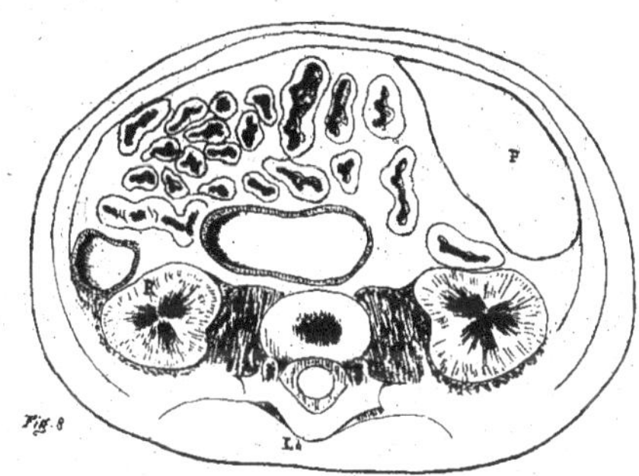
Fig. 3

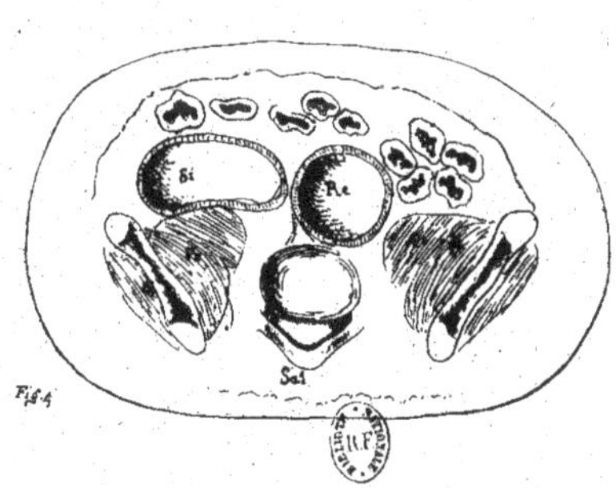
Fig. 4

Photolithoglyptie: Parlois, à Vendôme.

Lebrun (?) del. et sc.

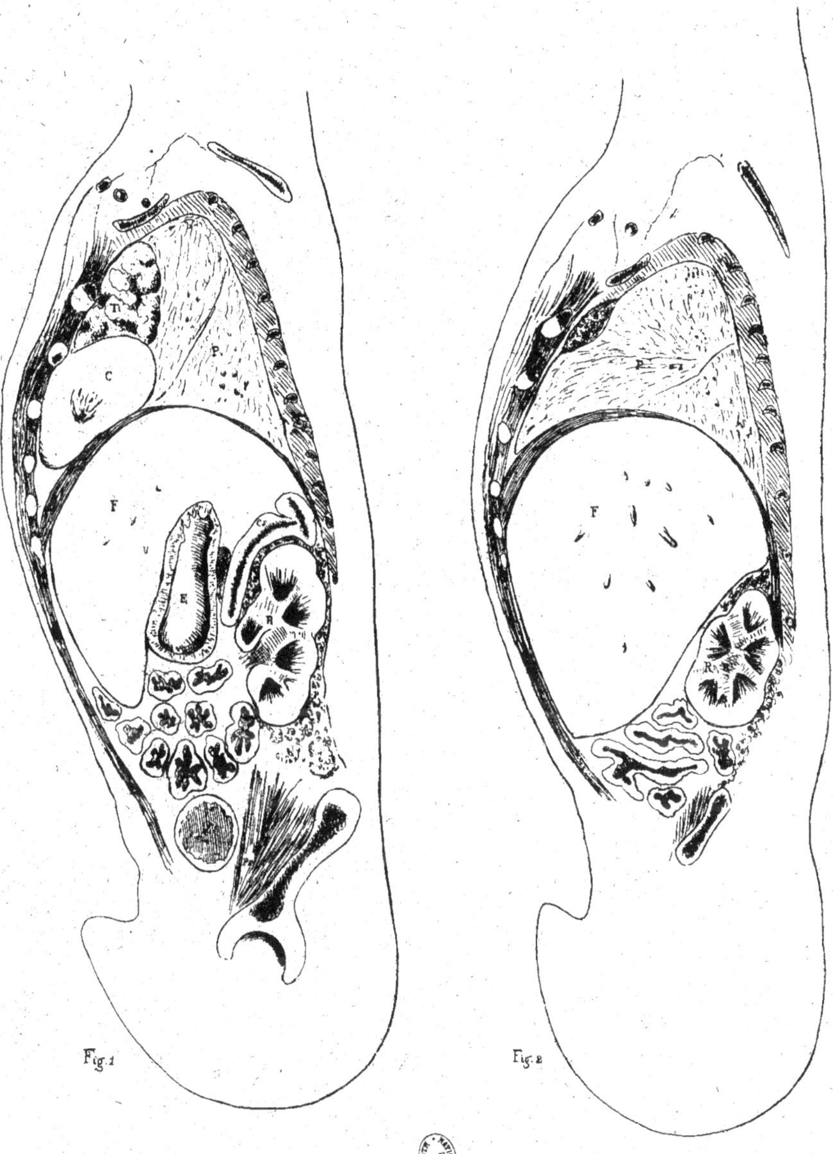

Fig. 1

Fig. 2

del. et sc.

Photolithoglyptie Parlois, à Vendôme

Pl. VII

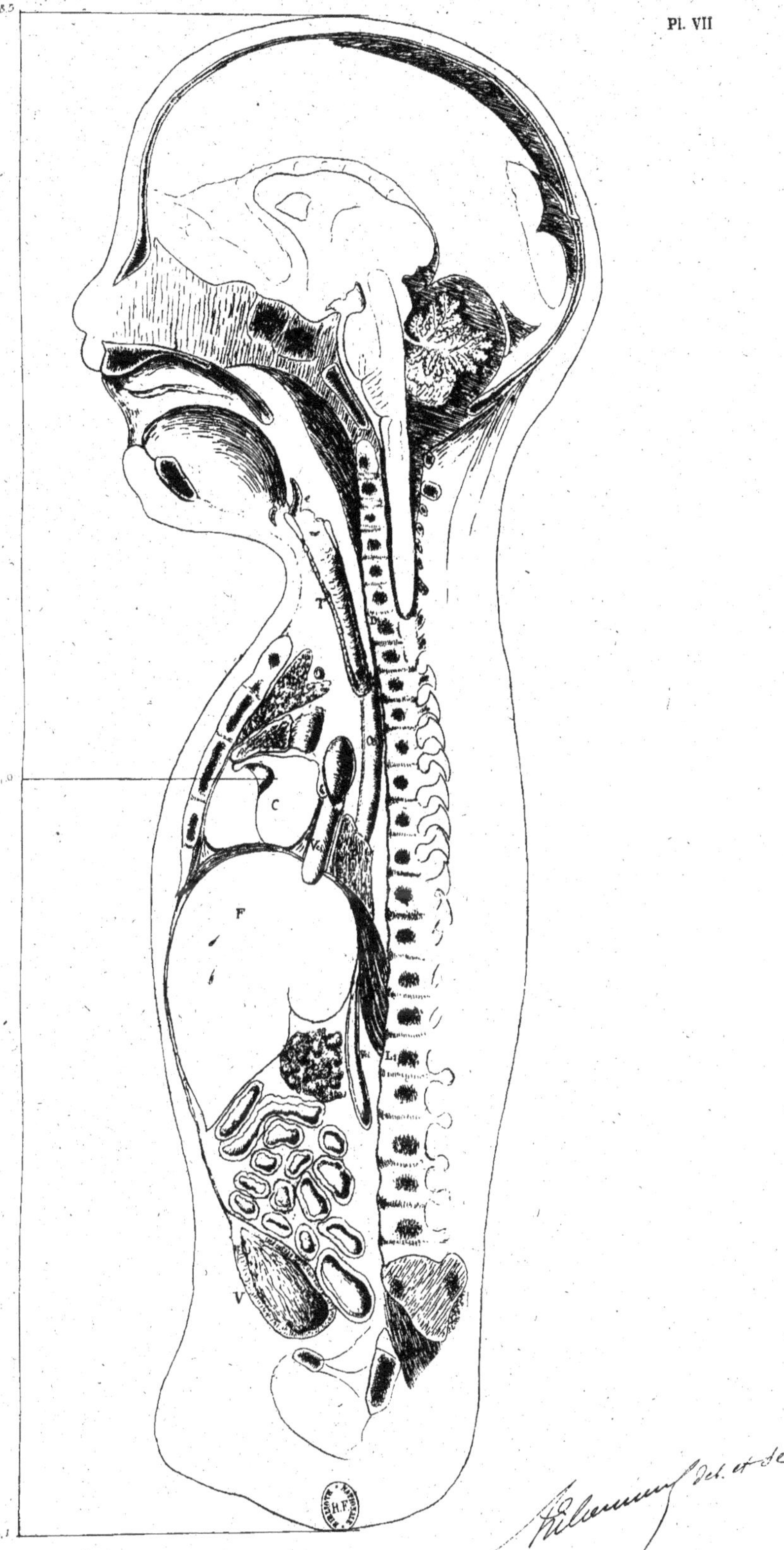

Photolithoglyptie Parlois, à Vendôme.

Pl. VIII

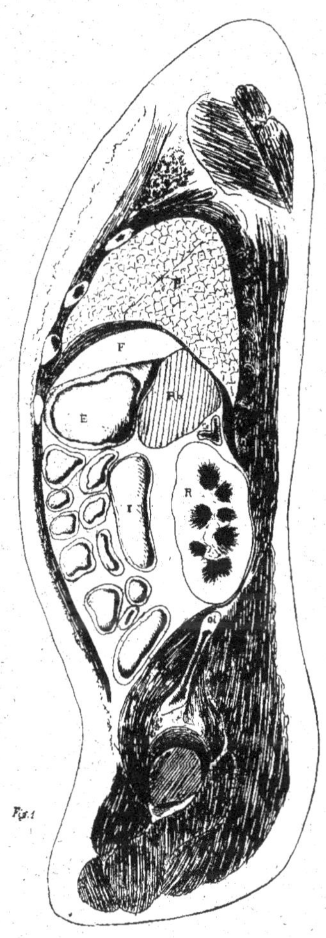

Fig. 1

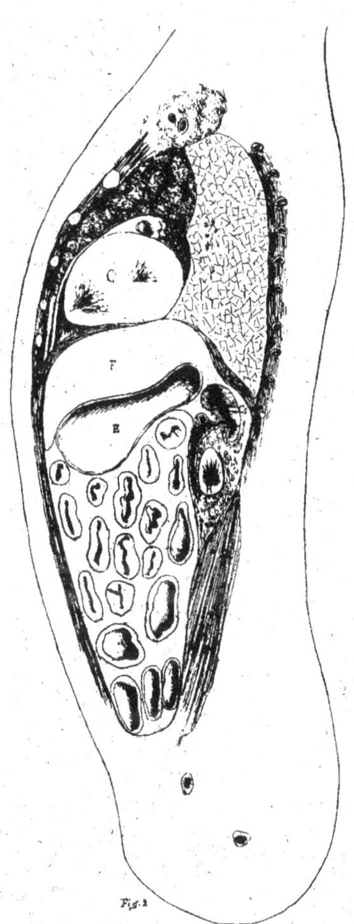

Fig. 2

del. et sc.

Photolithoglyptie : Parlois, a Vendôme

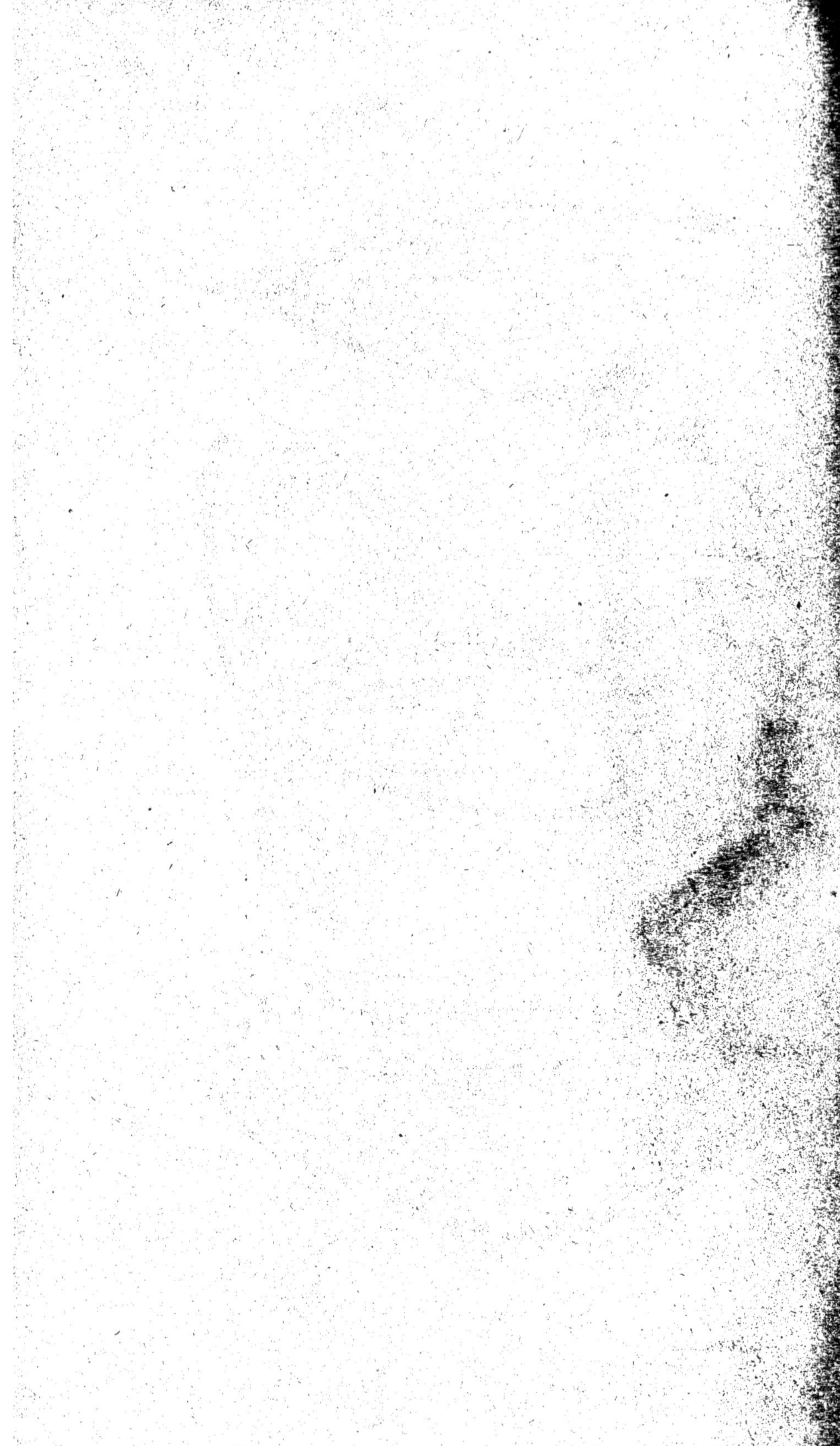

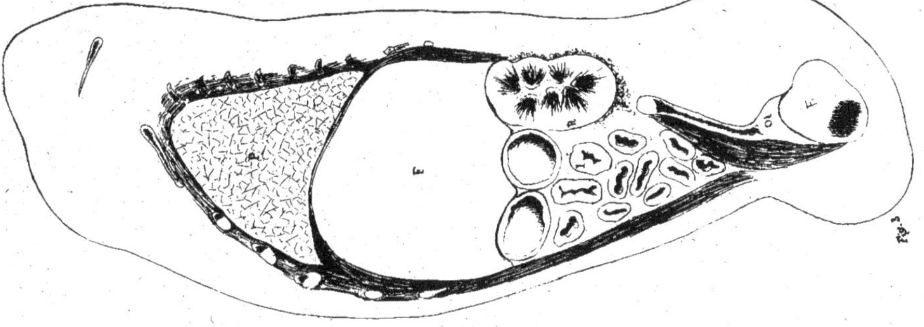

Fig. 3

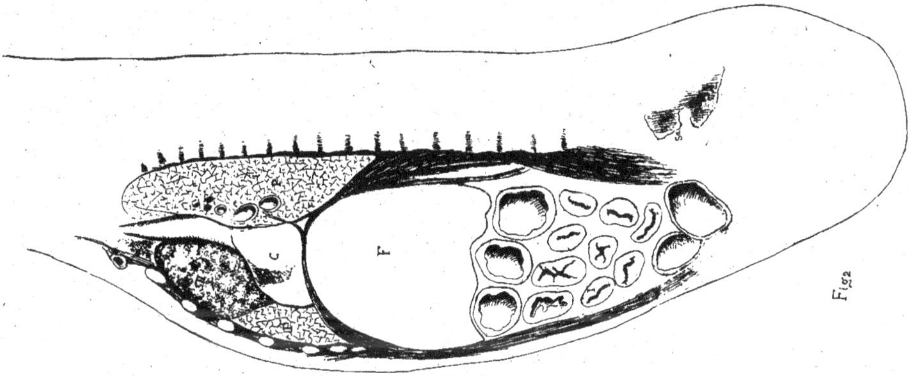

Fig. 2

Fig. 1

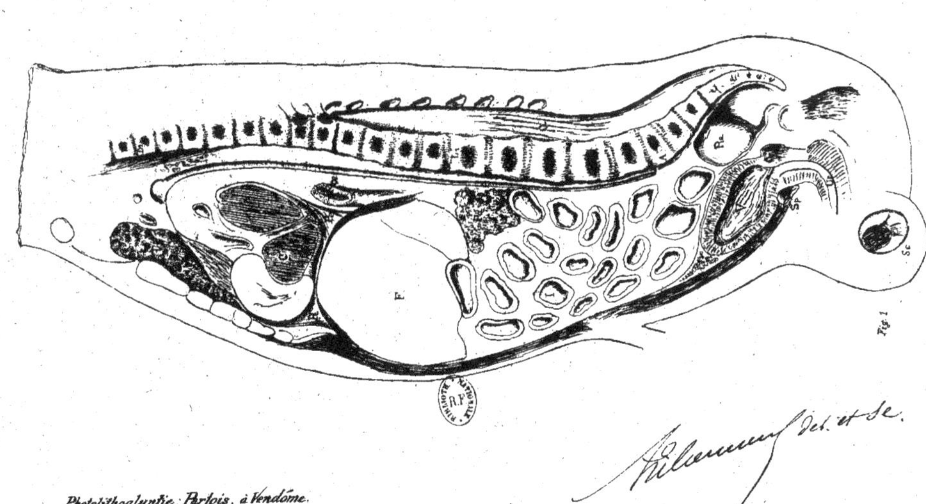

Del. et Sc.

Photolithoglyptie Parlois, à Vendôme.

Fig 3

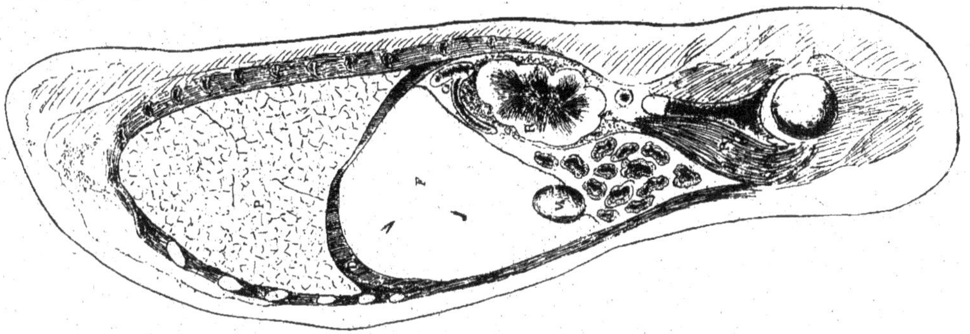

Fig 2

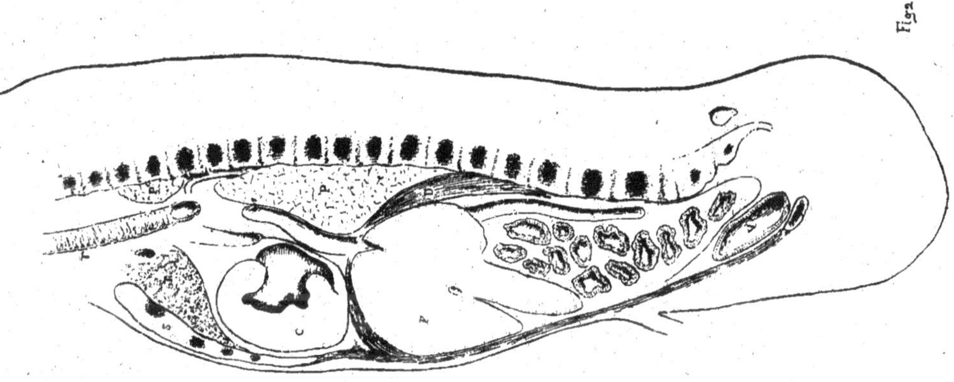

Fig 1

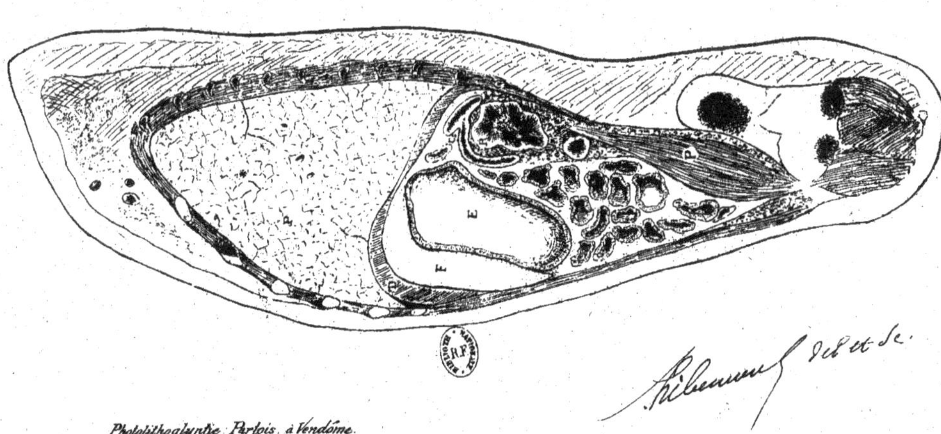

del et sc.

Photolithoglyptie Parlois, à Vendôme.

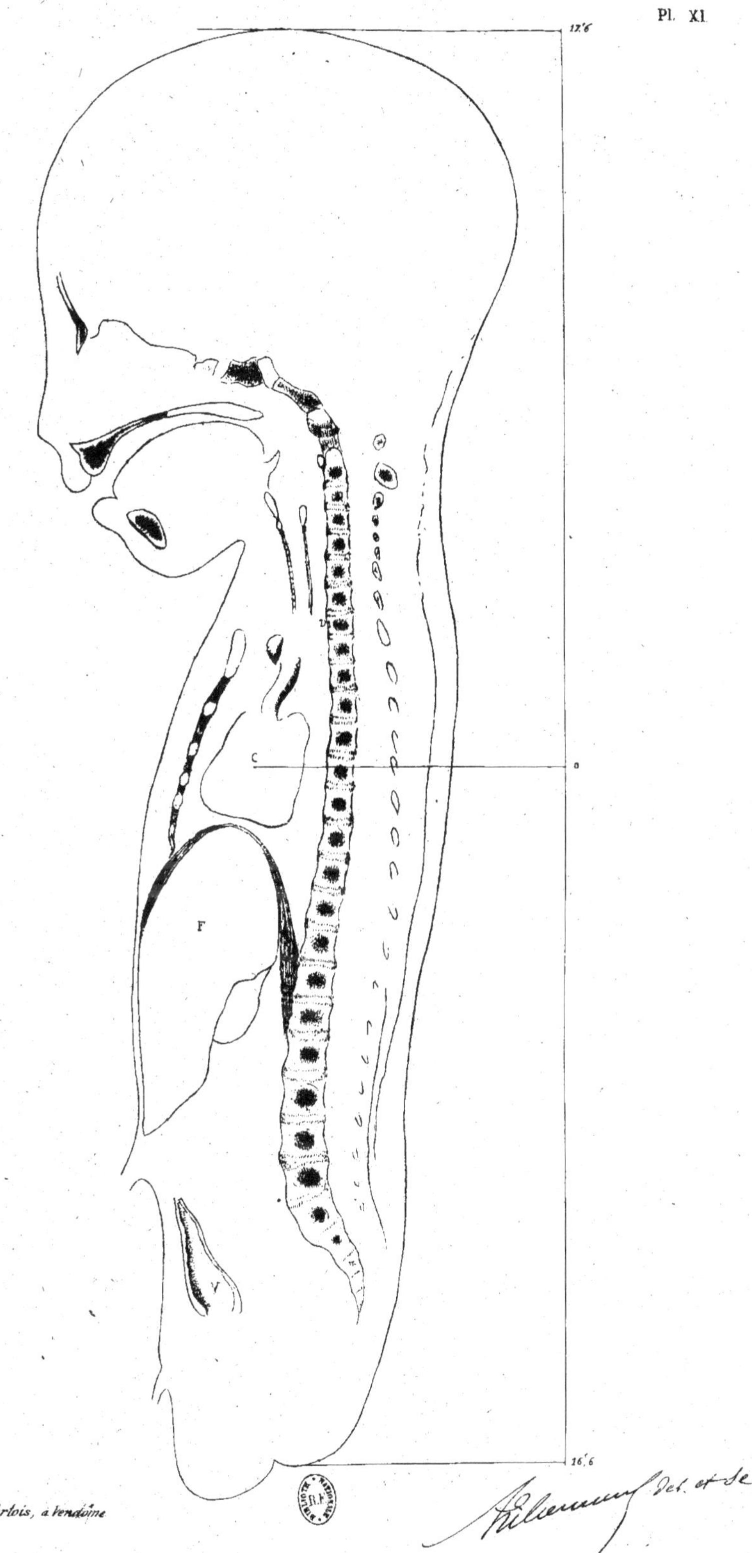

Photolithoglyptie Parlois, à Vendôme

del. et sc.

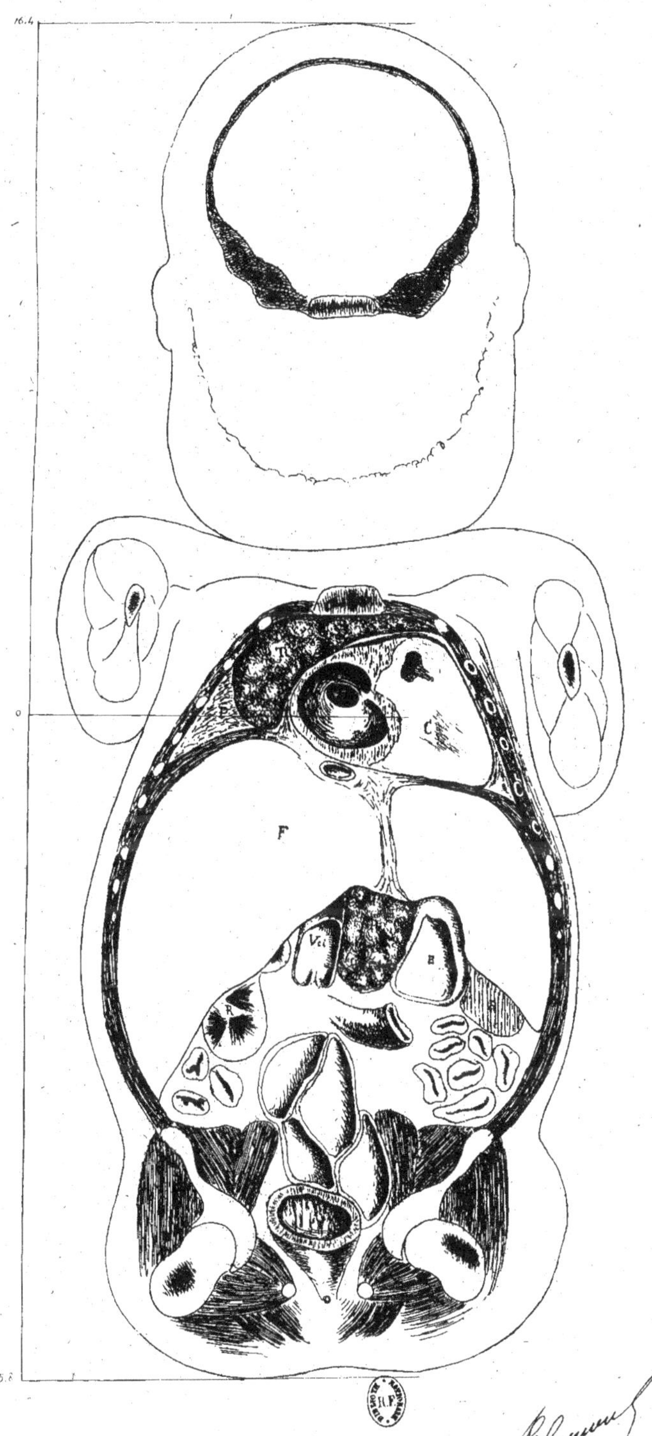

Photolithoglyptie Parlois, à Vendôme

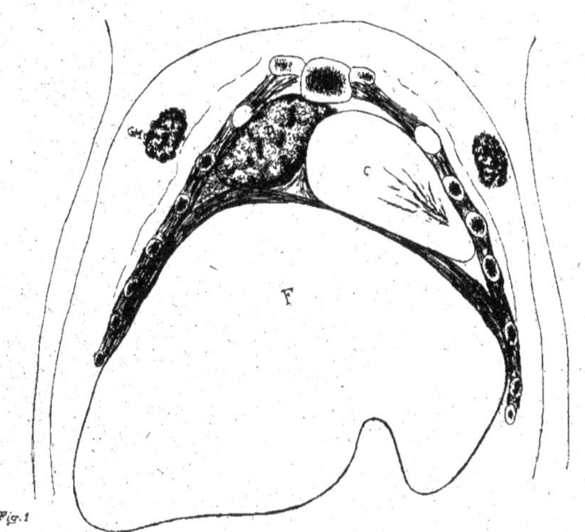

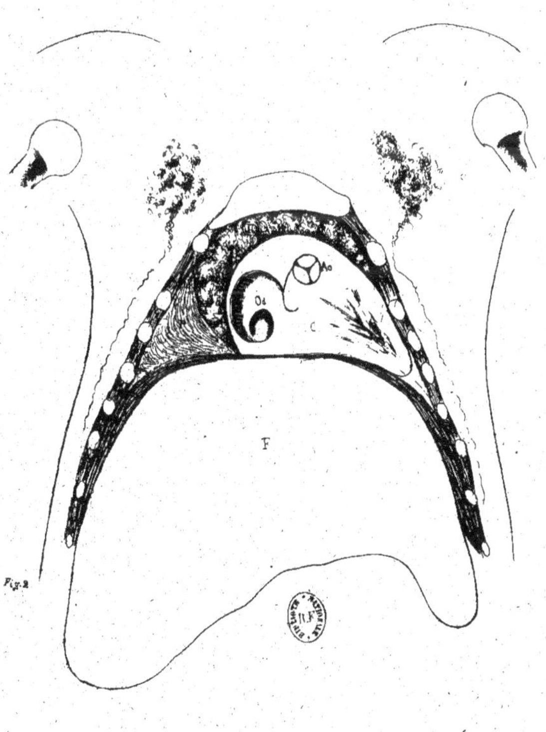

Del. et Sc.

Photolithoglyptie Parlois, à Vendôme

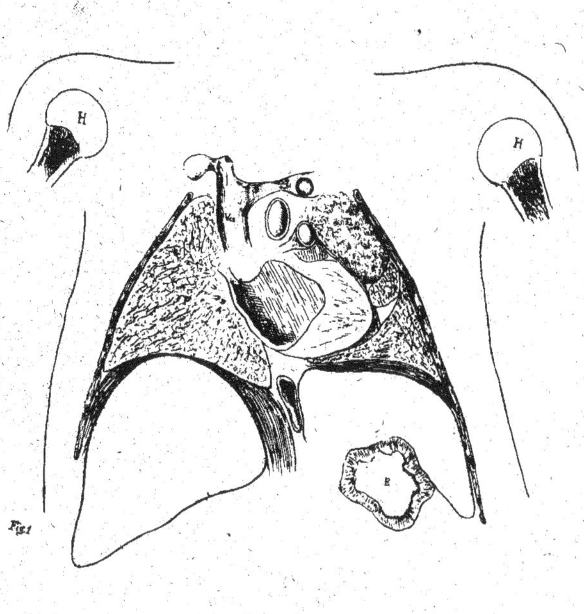

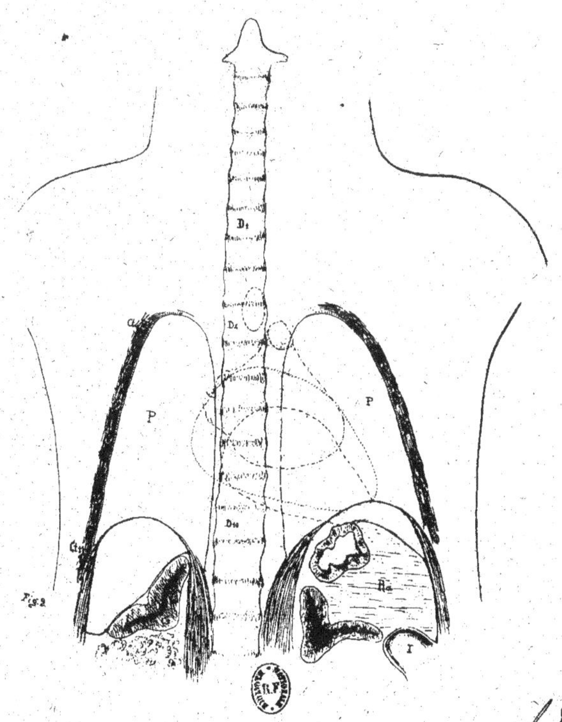

Photolithoglyptie Parlois, à Vendôme

del. et sc.

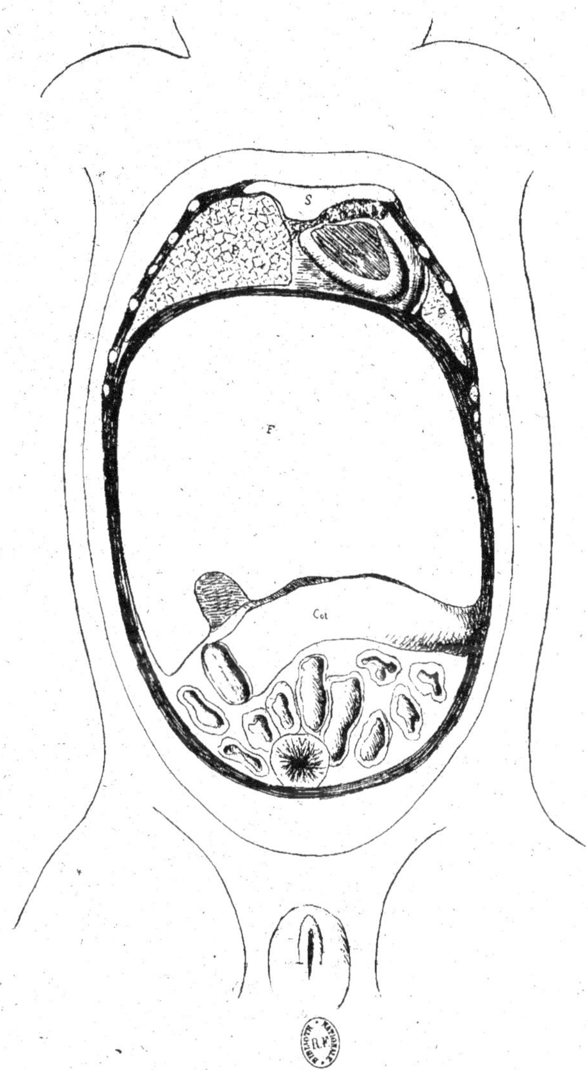

Del. et Sc.

Photolithoglyptie. Parlois, à Vendôme.

Pl. XVI

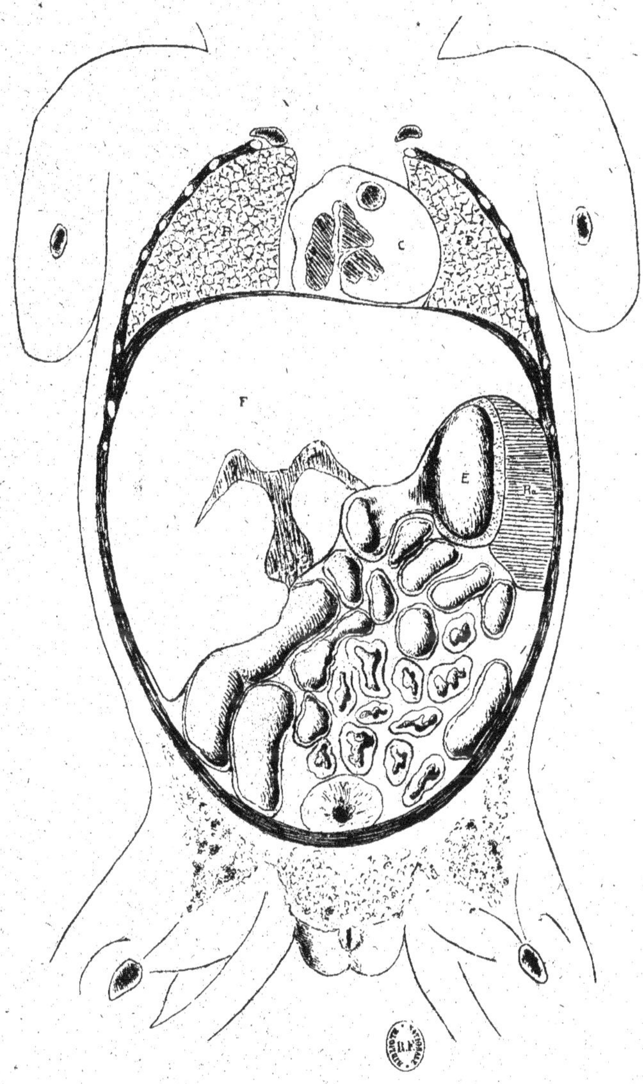

Dél. et Sc.

Photolithoglyptie: Parlois, à Vendôme.

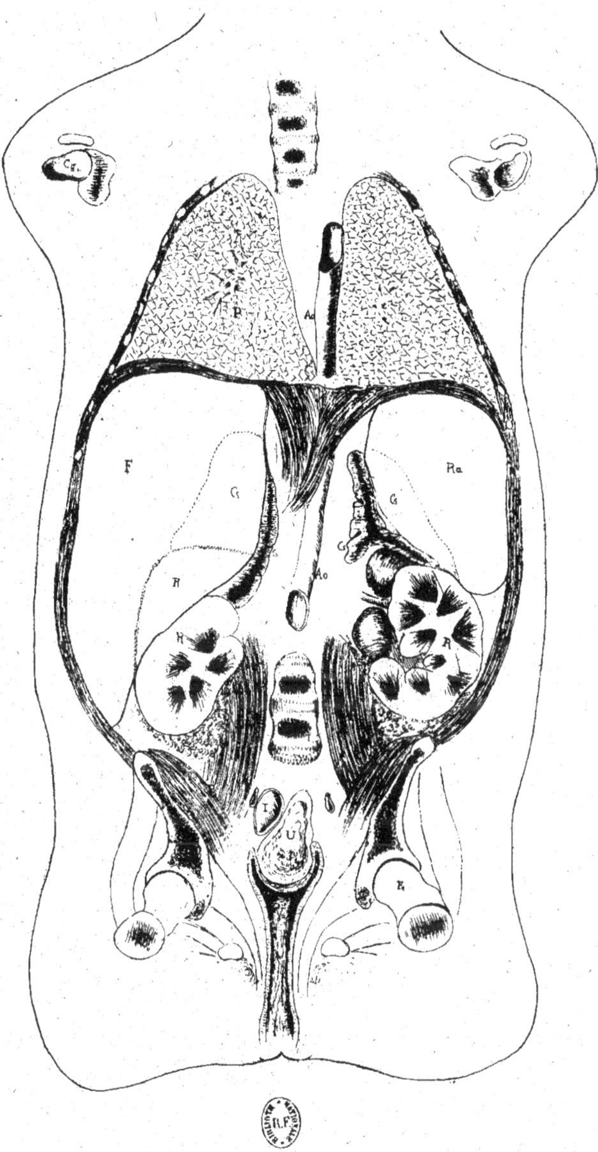

Photolithoglyptie Partois, à Vendôme

Filemme Del. et Sc.

Pl. XVIII

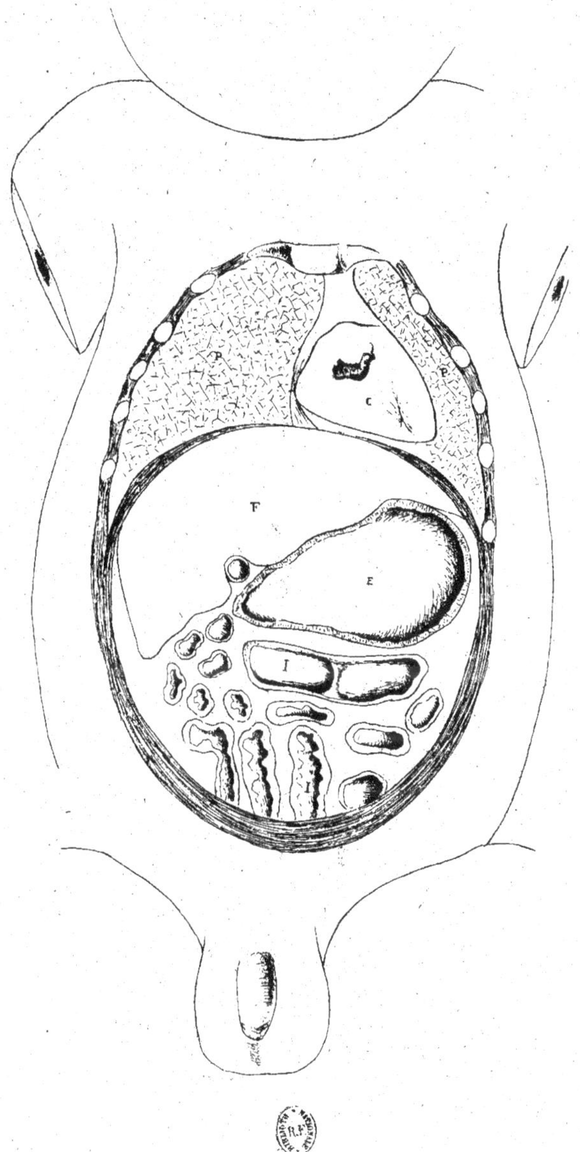

Photolithoglyptie Parlois, à Vendôme.

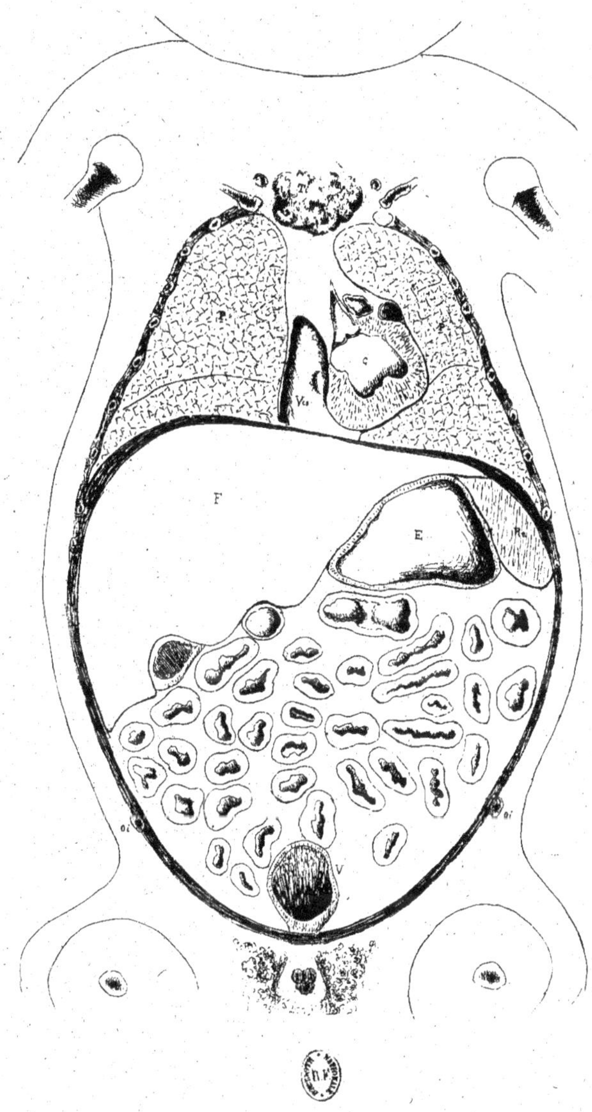

Photolithoglyptie. Perlois, à Vendôme.

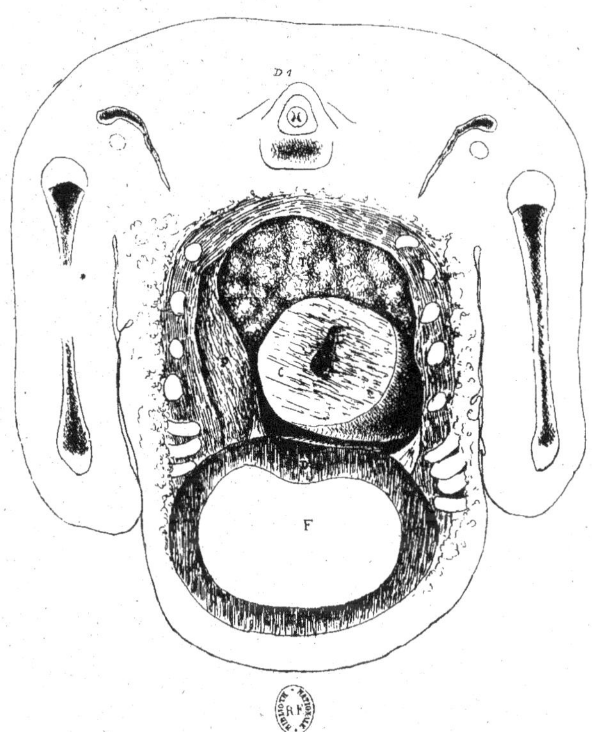

Filhenne ... del et sc.

Photolithoglyptie Parlois, à Vendôme

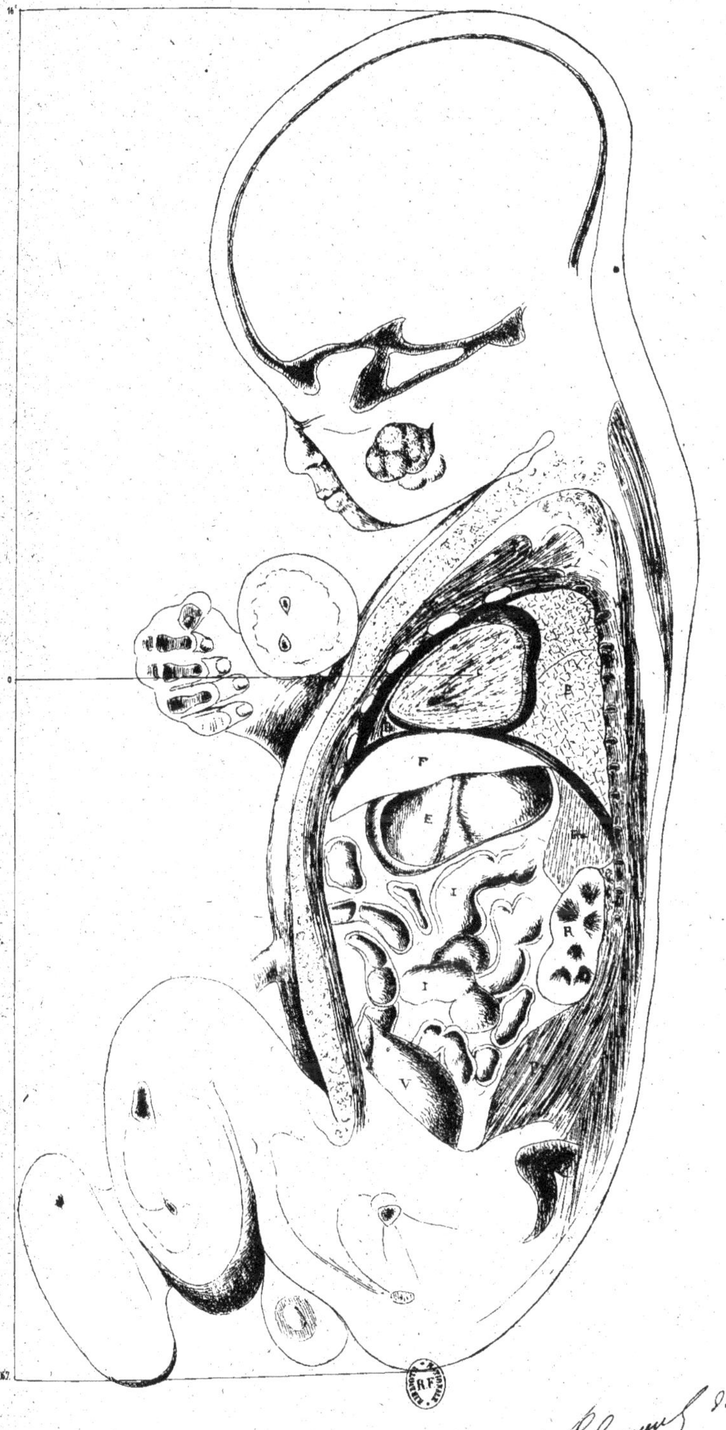

Photolithoglyptie Parlois, à Vendôme

Pl. XXII

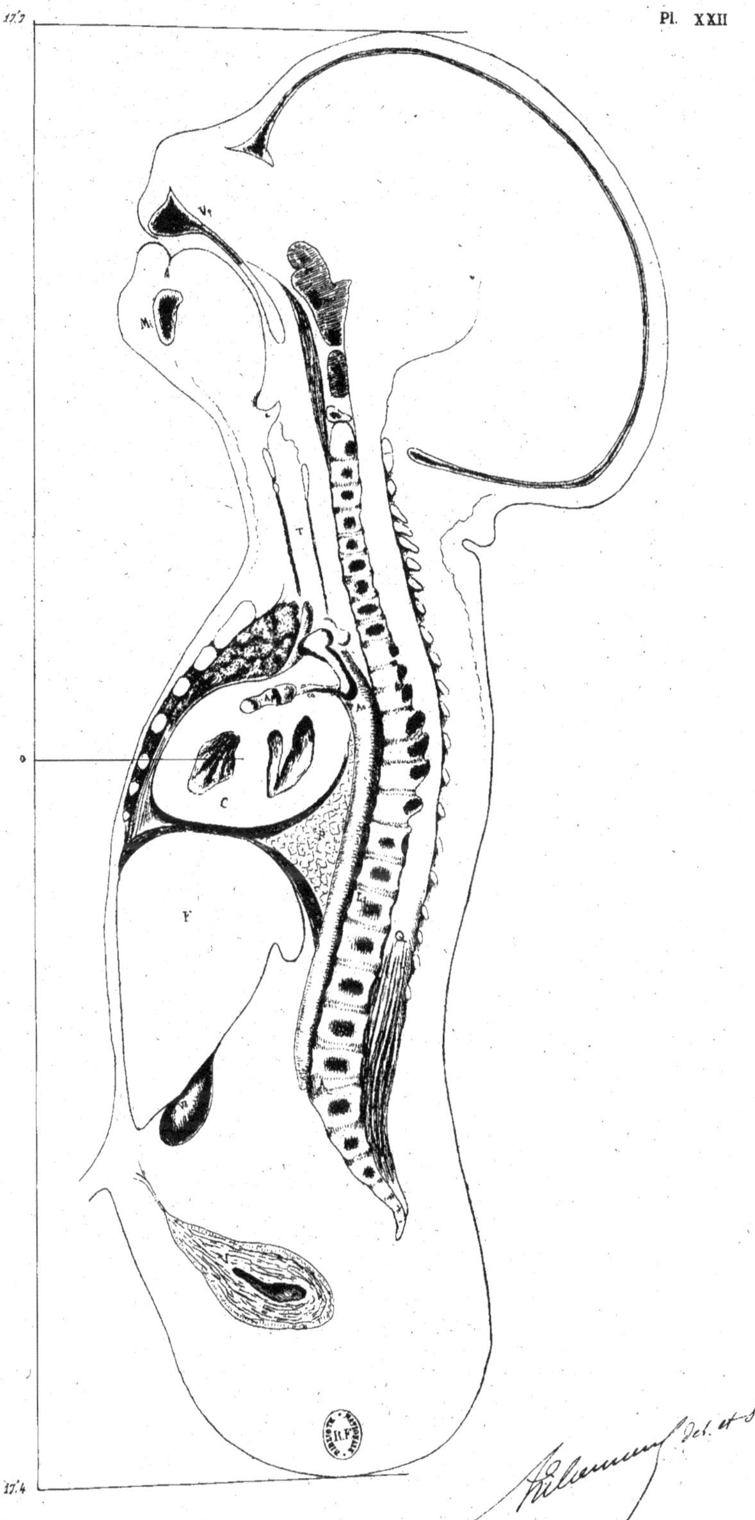

Photolithoglyptie Parlois, à Vendôme.

Pl. XXIII

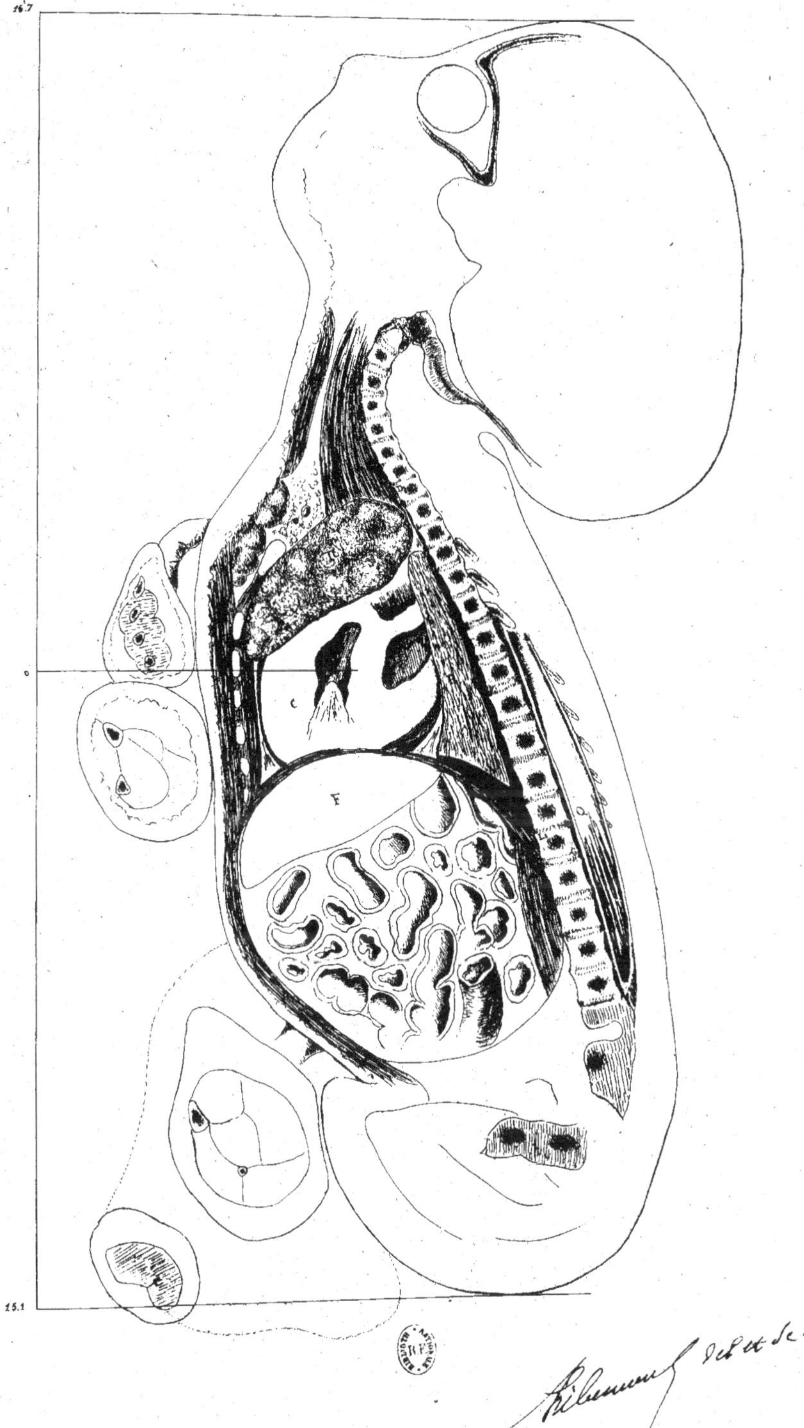

Photolithoglyptie Partois, à Vendôme.

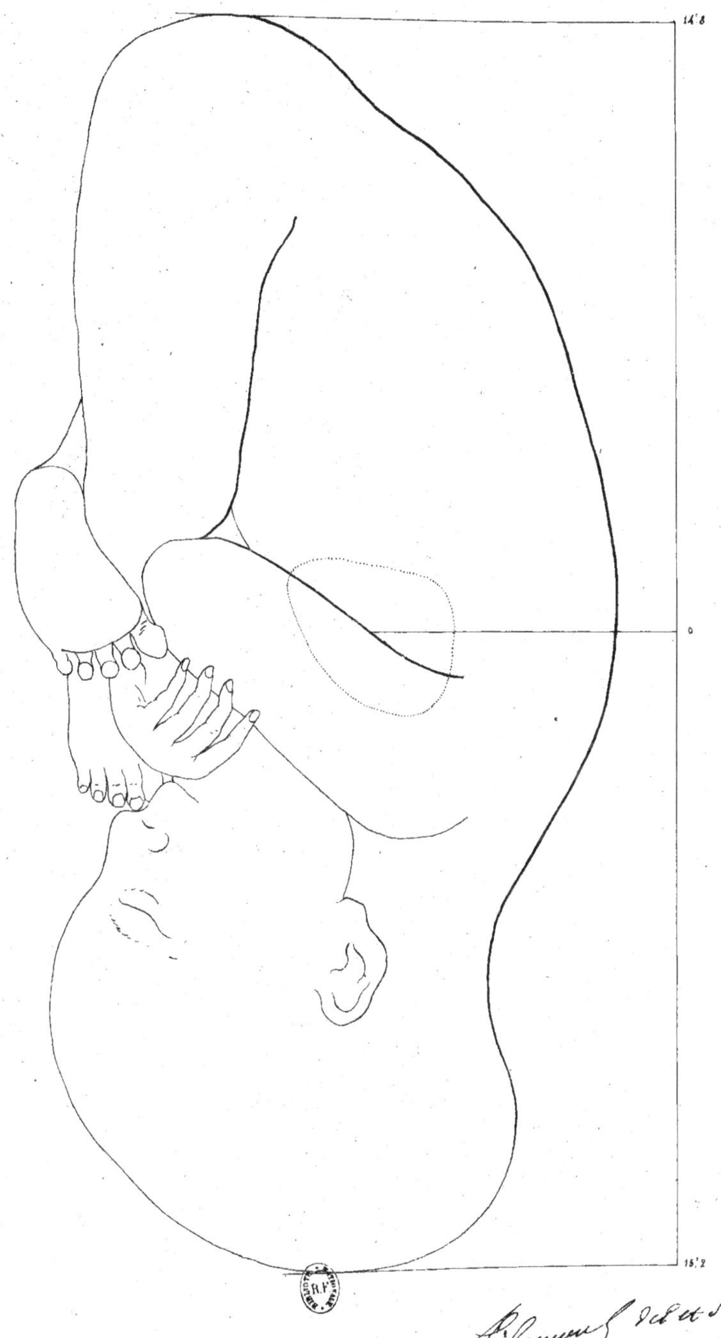

Philemon del. et Sc.

Photolithoglyptie Parlois, à Vendôme.

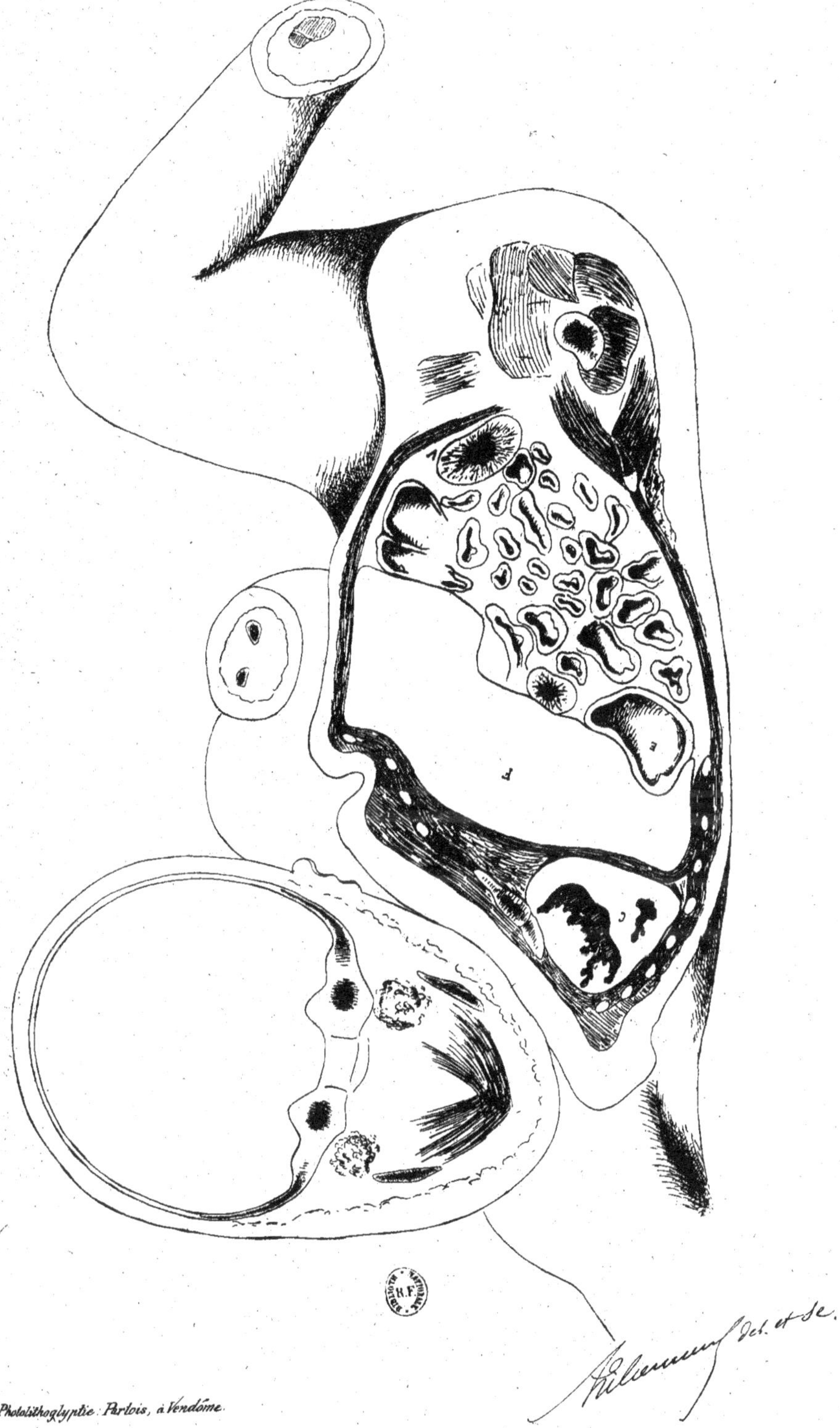

Photolithoglyptie Parlois, à Vendôme

del. et sc.

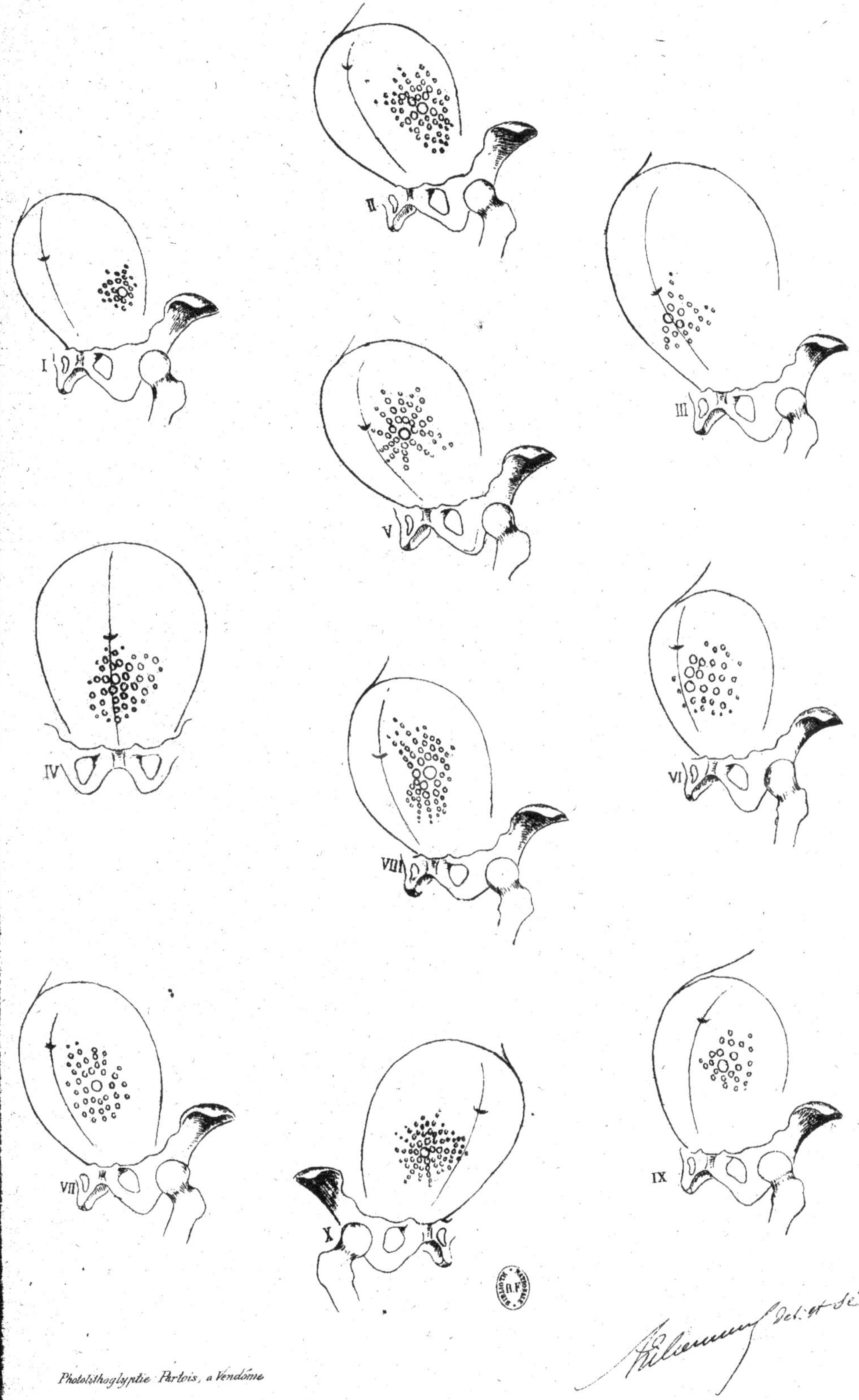

Photolithoglyptie Parlois, à Vendôme

Del. et Sc.

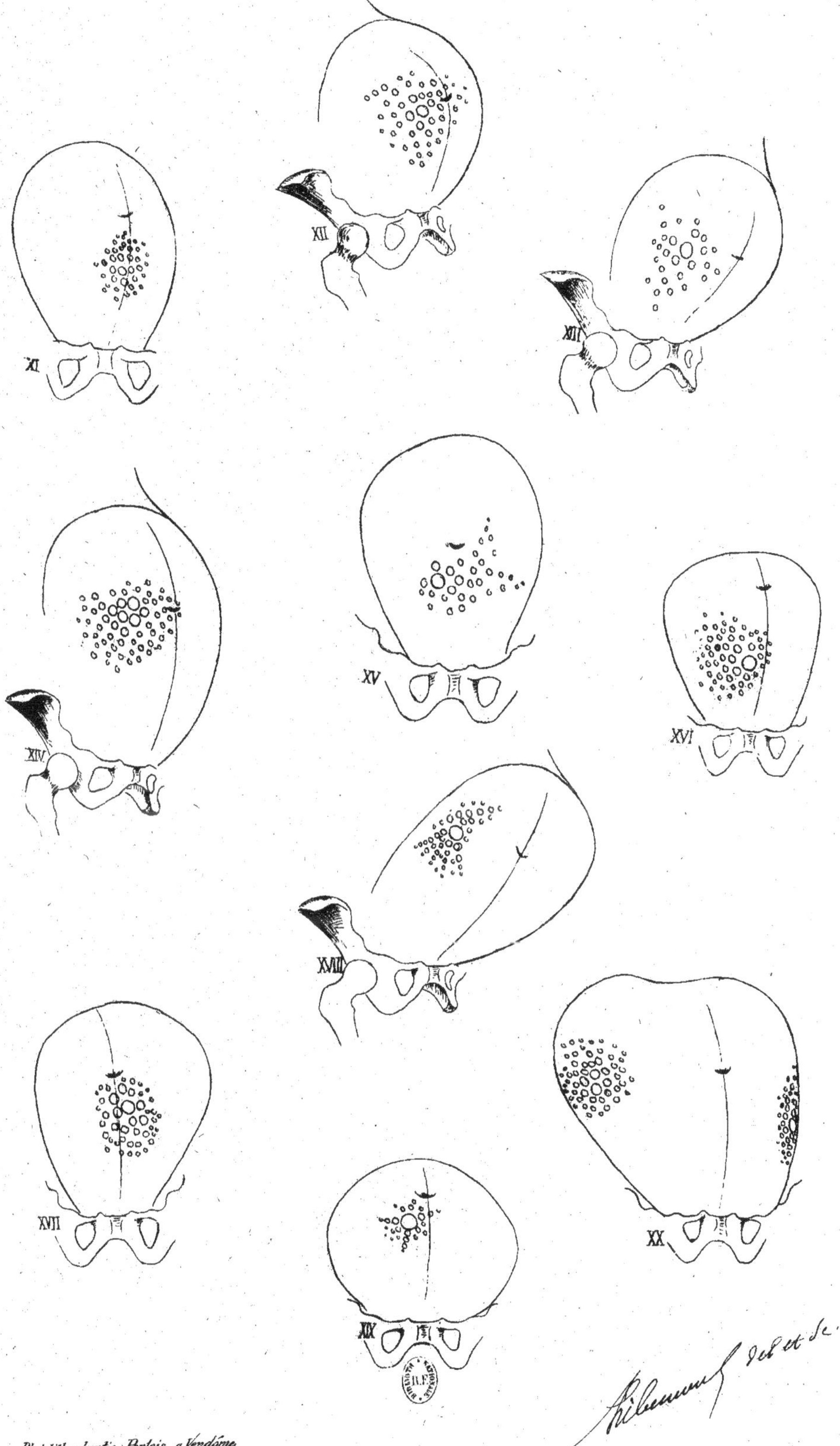

Photolithoglyptie Parlois, a Vendôme

Pl. XXVIII

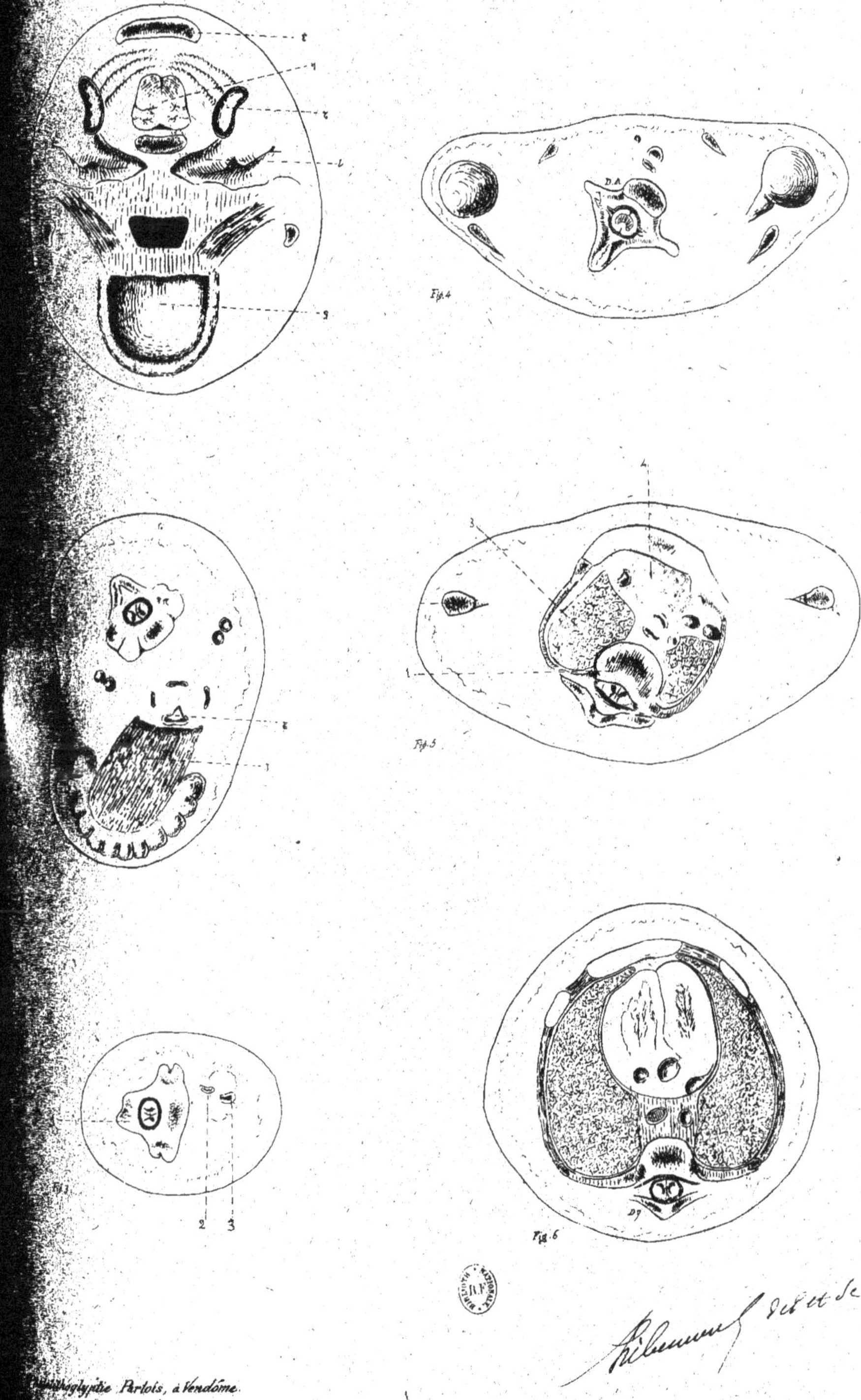

Phototypie Parlois, à Vendôme.

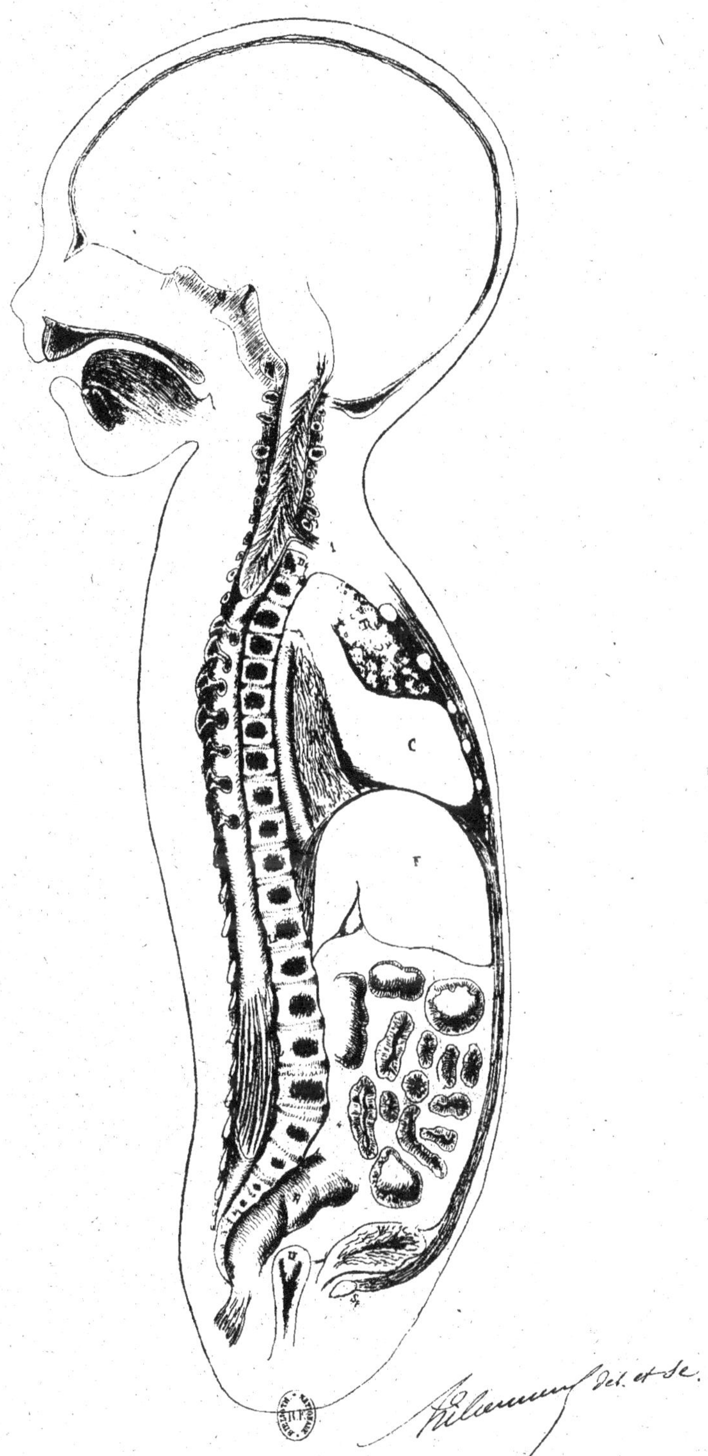

Photolithoglyptie Parlois, à Vendôme

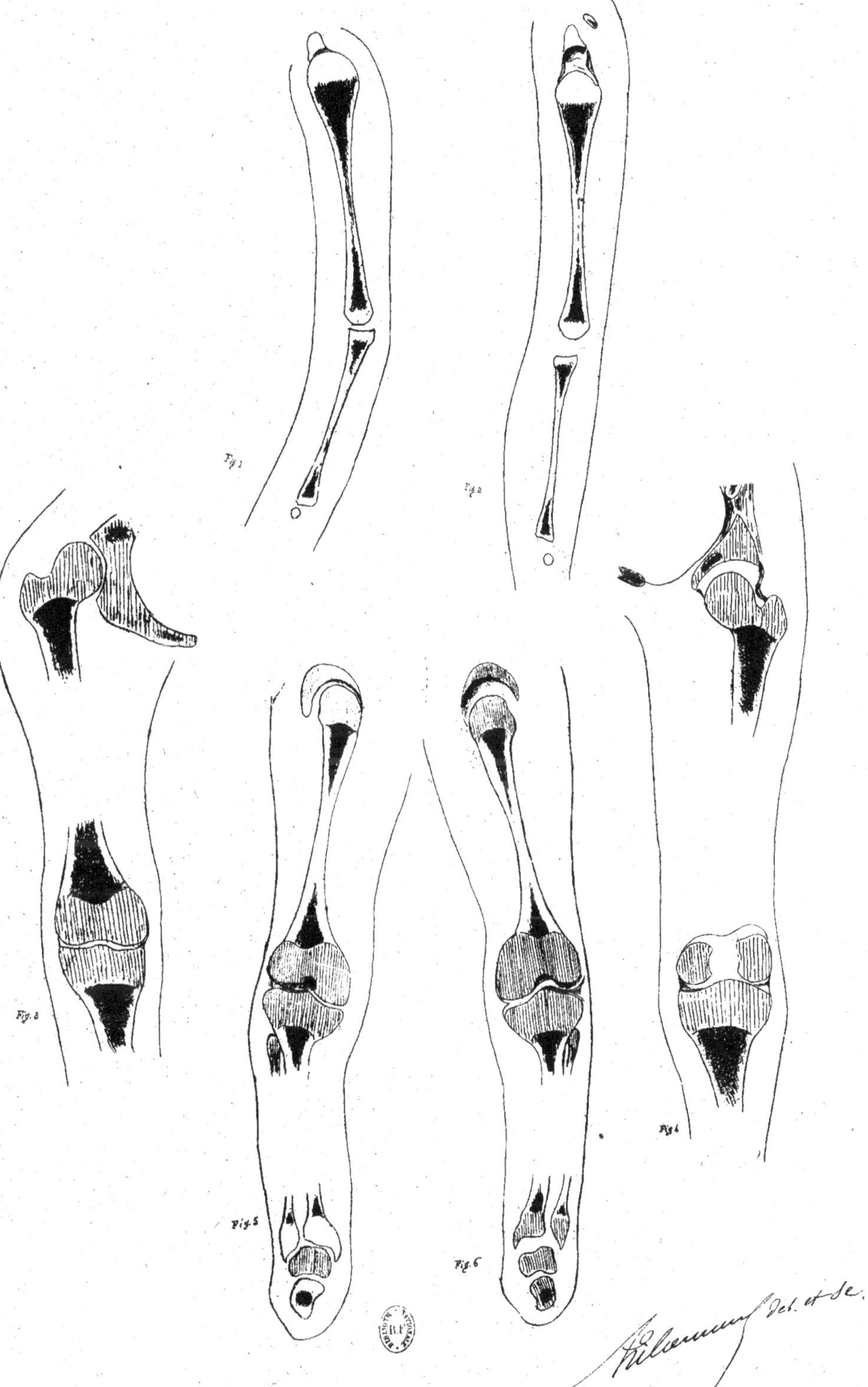

Photolithoglyptie Parlois, à Vendôme

BIBLIOTHEQUE NATIONALE DE FRANCE
3 7502 01755430 6

www.ingramcontent.com/pod-product-compliance
Ingram Content Group UK Ltd.
Pitfield, Milton Keynes, MK11 3LW, UK
UKHW020356230726
13925UKWH00003B/1154

9 782013 491471